SUPERサイエンス

意外と知らない お酒の科学

名古屋工業大学名誉教授
齋藤勝裕 Saito Katsuhiro

C&R研究所

■**本書について**

- 本書は、2018年10月時点の情報をもとに執筆しています。

●本書の内容に関するお問い合わせについて

この度はC&R研究所の書籍をお買いあげいただきましてありがとうございます。本書の内容に関するお問い合わせは、「書名」「該当するページ番号」「返信先」を必ず明記の上、C&R研究所のホームページ（http://www.c-r.com/）の右上の「お問い合わせ」をクリックし、専用フォームからお送りいただくか、FAXまたは郵送で次の宛先までお送りください。お電話でのお問い合わせや本書の内容とは直接的に関係のない事柄に関するご質問にはお答えできませんので、あらかじめご了承ください。

〒950-3122　新潟市北区西名目所4083-6
株式会社C&R研究所　編集部
FAX 025-258-2801
「SUPERサイエンス 意外と知らないお酒の科学」サポート係

はじめに

お酒は美味しく楽しい飲み物です。お酒は人と人を繋げてくれ、全ての人を融合してくれます。お酒は適度に楽しめば健康を助け、人生を豊かにしてくれます。しかし、飲む量を間違うと体だけでなく、心までをも壊します。お酒は人間が作った作品ではありません。眼に見えない微生物という生物が、自然界にある原料を元に作って人間に贈ってくれた恵みの品です。

お酒にはいろいろの種類があります。天然物を素材にして微生物が作ったままの醸造酒、それに人間が手を入れた蒸留酒、それにまた天然物を作用させたリキュール、このようなお酒を縦横無尽に使いわけたカクテル。お酒の酒類は虹の色より多くの種類があります。お酒は化学が作り出した飲み物です。甘いブドウが、なぜ奥深いワインになるのでしょう？　ご飯がなぜ玄妙なお酒になるのでしょう？　ワインを蒸留するとブランデーになると言います。それでは清酒を蒸留したら焼酎になるのでしょうか？

楽しいのはお酒だけではありません。液体のお酒を飲むためには適当な容器が必用です。その容器の形、容量、それは正しく人類の歴史を表すものです。さらにその容器を作るために用いられた素材は人類の科学知識の総体集とも言うべきものです。お酒は人を繋ぐ飲み物です。そこには形式と礼儀が色濃く入り込みます。お酒は単なる飲み物ではありません。人類、民族、部族の知恵と歴史が集積されています。

本書はこのようなお酒の化学、科学的な側面、さらには、お酒を扱う器具や心構え、礼儀、文化までをも紹介した画期的な本です。多くの方々に喜んで頂くことができたら大変に嬉しいことと思います。

２０１８年10月

齋藤　勝裕

CONTENTS

CONTENTS

Chapter 3 醸造酒の種類と作り方

Chapter 4
蒸留酒の種類と作り方

Chapter 5

その他のお酒の作り方

CONTENTS

Chapter 6

酒器のいろいろ

CONTENTS

Chapter 7

お酒の雑学

Chapter. 1
お酒の基礎知識

Section 01 お酒の定義

お酒の話を始める前に、お酒とは何かということをはっきりさせておきましょう。お酒とはエタノールCH_3CH_2OHを含んだ飲料水のことです。お酒には必ずエタノールが含まれています。エタノールを含まないお酒はありません。エタノールはアルコールという化学物質の一種です。エタノールは人類に最も馴染の深いアルコールなので、一般にアルコールと言うとエタノール指すことが多くなっています。

アルコール含有量

お酒には少量のエタノールしか含まない弱いお酒と、ほとんど全てがエタノールと言う強いお酒があります。お酒に含まれるエタノールの濃度は、普通15度とか45度と言うように「度数」で表します。度数はお酒の中に含まれるエタノールの「体積パーセント」を言います。

体積パーセントというのは、体積で計算したパーセント濃度ということです。つまりお酒１Ｌ中に０・１Ｌのエタノールが含まれていれば体積パーセント＝10％ということで、アルコール度数10度のお酒ということになります。

体積パーセントに対して重量パーセントという単位もあります。これは重量で計算したパーセント濃度です。お酒の比重は、ほぼ1ですから、１Ｌのお酒の重さは１kgです。それに対してエタノールの比重は約０・８ですから、０・１Ｌのエタノールの重さは80ｇです、したがってこのお酒に含まれるエタノールの重量パーセントは８％と言うことになります。

なお、欧米では度数でなく、「プルーフ」で表すこともあります。度数との換算は「１

度＝２プルーフ」です。したがって、プルーフ表示を半分にすれば度数になります。

お酒の量

お酒は、ついつい飲み過ごしてしまいがちです。そのようなことの無いためにも、自分の適量を知り、それを越さないように気を付けたいものです。お酒は液体ですので、お酒の量を計る単位は液体の量を計る単位と同じです

日本の単位

日本には昔から伝わる固有の単位があります。これを「尺貫法（しゃっかんほう）」と言います。尺貫法は１９５８年に廃止されているのですが、一般には今も使われています。特に日本酒の世界では尺貫法一辺倒のようです。体積の尺貫法は、斗（と）までは10進法であり、特例が無いので、スッキリして覚えやすいです。

- 1勺＝約18㎖（一般的に体積の最小単位）
- 1合＝10勺＝約180㎖
- 1升＝10合＝約1・8L
- 1斗＝10升＝約18L
- 1石＝4斗＝約72L

1升瓶（1・8L）、四合瓶（720㎖）、神社に菰（藁で編んだ布）で飾った菰被りの四斗樽など、おなじみの単位です。

欧米の単位

日本の尺貫法に匹敵するのが欧米のヤード・ポンド法です。この法では体積は、ガロン（約4L）が基本単位ですが、ガロンにはイギリス式、アメリカ式があり、その上に何を計るかによって石油用とか穀物用とかといろいろあって慣れないと何だかわかりません。

一般に体積の最小単位はオンスです。オンスには重さを表すオンスと、体積を表すオンスがあり、体積を表すものは特に「液量オンス」と言われますが、普通はただ「オンス」と言いますから、状況に応じてどちらのオンスか判断しなければなりません。その上、オンスにはイギリス式とアメリカ式があります。

日本の商取引で認められているのはアメリカ式ですので、ここはアメリカ式でご紹介しましょう。

- 1オンス　＝約30㎖
- 1パイン　＝20オンス＝約600㎖
- 1クォート＝40オンス＝2パイン＝約1・2L
- 1ガロン　＝160オンス＝4クォート
- 1バレル　＝42ガロン＝約160L

Section 02 お酒の作り方

お酒はアルコールを含む飲料水なので、お酒を簡単に作るには、水やジュースにエタノールを混ぜればよいことになります。

エタノールは工業的にエチレン$H_2C=CH_2$と水H_2Oの反応で簡単にできます。日本酒業界では、このようにして作ったエタノールを、後に見るアルコール発酵で作ったエタノール（醸造アルコール）と区別しているようですが、化学的な違いは何もありません。もしあるとしたら不純物の組成が微妙に違うことだけです。

しかし、このようにして作った飲料水は、本書で解説するお酒とは違う物と言ってよいでしょう。

それでは、本当のお酒はどのようにして作るのでしょうか？

アルコール発酵

天然のお酒はアルコール発酵によって作ります。アルコール発酵と言うのは、天然の微生物である酵母が餌を食べてエタノールを作る行為です。

酵母は天然の植物に寄生しています。果実、木の実、花など多くの所に固有の種類の酵母が着いています。それを採取してきて培養して用います。

酵母の餌になるのはいわゆる単糖類と言われるものです。これにはグルコース（ブドウ糖）、フルクトース（果糖）、ラクトース（乳糖）などがあります。これらの分子式は一般に$C_6H_{12}O_6$です。これは、6個の炭素Cと6個の水分子H_2Oが反応したように見えるので、一般に炭水化物と呼ばれます。

酵母はこれらの餌を食べてエタノールC_2H_5OHとともに二酸化炭素CO_2を発生します。

●アルコール発酵

$$C_6H_{12}O_6 \longrightarrow 2C_2H_5OH + 2CO_2$$

全ての果実はグルコースを含んでいます。その上、天然酵母まで持っています。したがって温度などの条件さえそろえば果物は原則的に放っておいてもお酒になります。ブドウを原料とするワイン(ブドウ酒)やリンゴを原料とするリンゴ酒などが典型です。

デンプンのアルコール発酵

日本酒やビール、ウイスキーは果実でなく、穀物から作ります。米や麦などの穀物にはグルコースはありません。しかし、何百個、何千個と言うグルコース分子が連結してできたデンプンを含んでいます。

このデンプンを適当な酵素の力で加水分解すればグルコースができます。このための酵素は人間の唾液の中や麹菌の中にいます。つまり、デンプンに口中酵素や麹を働かせてグルコースにし、それに酵母を働かせると言う二段構えの措置をすればお酒ができます。昔から口噛み酒と言う物があるのは、この口中酵素を利用しているのです。

蒸留

醸造酒に含まれるアルコールのパーセント濃度は低ければ数%、高くても15%程度です。お酒に慣れて来ると、この程度のアルコール濃度では物足りなくなります。アルコール含有量を高める操作、それが蒸留です。蒸留を行えば、100%エタノールのお酒を作ることもできます。このようにしてアルコール濃度を高めたお酒を一般に蒸留酒と言います。焼酎、ウイスキー、ブランデーなど多くの種類があります。

蒸留はまた、品質が悪くてそのままでは飲み難い醸造酒に対しても行われることがあります。

アルコール発酵の応用

アルコール発酵で、出て来るものはエタノールだけではありません。二酸化炭素（炭酸ガス）も出てきます。普通の醸造過程では、この二酸化炭素は空気中に放散してしまいます。

しかし、特別の密閉容器で発酵させれば、行き場の無くなった二酸化炭素は、お酒の中に入り込みます。このようにして作ったのがシャンパンやシードル(リンゴ酒)などの発泡酒です。

また、パンを作る時にも酵母を使いますが、それは酵母の発する二酸化炭素でパン生地を膨らませようと言うわけです。パンの美味しい香りには酵母のアルコール発酵で発生したエタノールの香も混じっているのかもしれません。もっとも、エタノールの沸点は78℃と低いので、パンを焼く温度では全て揮発してしまいます。

●シャンパン

酔いと中毒

お酒を飲むと気分が良くなって意気軒昂となります。しかし飲み過ぎると気分が悪くなり、翌日二日酔いで苦しめられることになります。また、悪徳業者はアルコール度数の低いお酒にエタノールでなく、メタノールCH_3OHを混ぜることがあります。このような毒酒を飲んだら大変です。命を落とします。幸い命は助かっても視力を失うことがあります。お酒の影響とはどのようなものなのでしょうか？

エタノールの影響

お酒に酔うという現象は二段階に分けて考えることができます。一段階目はお酒に含まれるエタノールそのものによる影響です。そして、二段階目はエタノールが体内で代謝（酸化分解）されてできたアセトアルデヒドによる影響です。

お酒を飲むと、エタノールの摂取量に応じ脳の麻痺（抑制）が起こり、酒酔い状態となります。脳の麻痺は大脳の高位機能から始まるため、まず判断力、集中力、抑止力等が低下します。その結果、脳の低位機能（本能的な機能）が表面に出ることになります。つまり、軽い興奮状態となり、気が大きくなったり、気分が良くなったりする酒酔い状態となるのです。これが高じると酩酊状態となり、判断力だけでなく記憶力まで喪失することになります。

アセトアルデヒドの影響

エタノールCH_3CH_2OHは体内に入ると酸化酵素（脱水素酵素、デヒドロゲナーゼ）で酸化されてアセトアルデヒドCH_3CHOとなります。これは、さらに酸化酵素で酸化されて酢酸CH_3COOHとなります。酢酸はさらに酸化されて二酸化炭素CO_2と水H_2Oとエネルギーになります。

●エタノールの体内での代謝

エタノール　→　アセトアルデヒド

$$CH_3CH_2OH \longrightarrow CH_3CHO \longrightarrow$$

$$CH_3COOH \longrightarrow CO_2 + H_2O$$

酢酸　→　二酸化炭素　水

アセトアルデヒドは有毒物質であり、これが悪酔いや二日酔いの原因となります。つまり、これが血中に蓄積されると心拍数の増加、嘔吐、皮膚の紅潮などの状態が引き起こされるのです。

二日酔い状態から脱するためには、アセトアルデヒドを早く酢酸にしてしまえば良いのですが、そのためには酸化酵素が必要です。ところがこの酸化酵素の量は遺伝によって決まっており、多い人と少ない人がいます。

少ない人は、下戸、つまりお酒に弱い人と言うことになります。このような人にお酒を無理強いするのは暴力行為と同じです。慎むべきことです。しかし、お

●二日酔い

酒に弱い人も練習すればお酒に強くなるそうです。このような場合は、正規の代謝コースで代謝（酸化）されるのではなく、バイパス経由で酸化されるのだそうです。そしてこのようなバイパスが頻繁に利用されると肝硬変になる確率が増えると言いますから、やはり弱い方はあまり飲まない方が賢明と言うものです。

メタノールの影響

エタノールによく似たアルコールにメタノールCH_3OHがあります。エタノールからCH_2を除いたような分子です。

第二次大戦後の混乱した時代には、怪しいお店でお酒を飲むと、バクダンと言われる、メタノール（当時はメチルと言われていた）入りのお酒を出されることがあったそうです。

なぜそのようなことしたのかといえば価格です。エタノールには酒税がかかりますが、飲料でなく、劇物であるメタノールには税金がかからず安いです。しかも、素人にエタノールとメタノールを舌と鼻で区別するのは難しいです。

知らずにこのバクダンを飲むと、運が悪ければ命を落とし、運が良くても視力を失うということになったのです。最近でもインドやロシアで同じような事件が繰り返し起き、その都度、10人単位の被害者が出ています。

メタノールの代謝

メタノールが体内に入るとエタノールと同じように酸化されて変化します。つまりメタノールが酸化されてホルムアルデヒドHCHOとなり、さらに酸化されてギ酸HCOOHになり、最後は二酸化炭素と水になります。

ホルムアルデヒドは劇物であり、シックハウス症候群の原因物質として知られていますし、これ

●メタノールとメタノールの代謝の違い

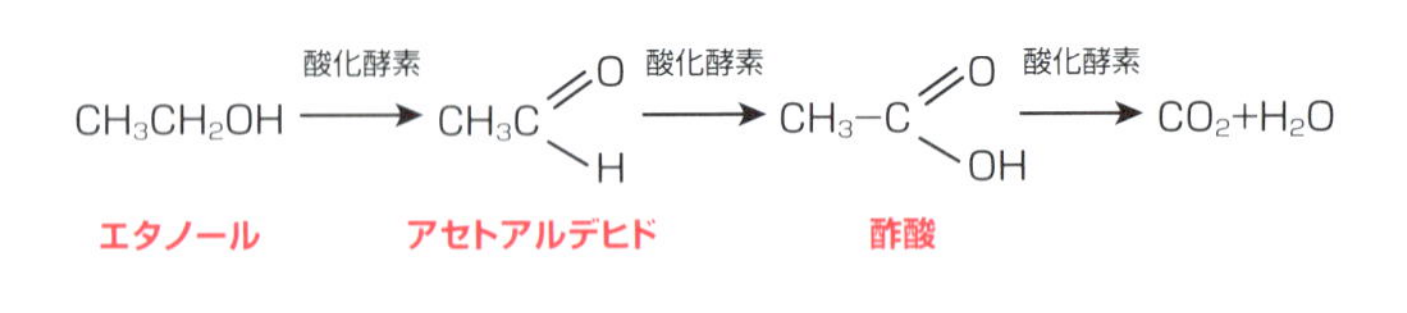

の30％水溶液はホルマリンであり、生物実験室にあったヘビやカエルの標本を漬けている液体です。ホルマリンはタンパク質を不可逆的に硬化させます。ギ酸も劇物です。皮膚に付くと気持ち悪いくらい大きな水泡を作ります。

つまり、メタノールの入ったお酒を飲むと、体内でこのような劇物ができるのです。これでは命を落とすのも納得してしまいます。

メタノールと視覚喪失

それではメタノールを飲むと視力を落とすと言うのはなぜでしょう。それは酸化酵素が原因なのです。ビタミンAは視力に良く、夜盲症に効くと言われます。また、ビタミンAを直接摂らなくても、有色野菜の色素であるカロテンを摂れば同じだとも言われます。これはどういうことでしょうか？

カロテンは次ページの図のような構造をしています。構造式の中心で180度回転させると元に戻ります。つまり対称です。この分子に酸化酵素が働くと中心で切断されます。この結果、生成するのがビタミンAなのです。ですから、カロテンを摂るのとビタミンAを摂るのは同じことだと言われるのです。

それではなぜ視力のためにビタミンAが必要なのでしょうか？　それは、ビタミンAが酸化されてできるレチナールというアルデヒドが視覚物質といわれ、視覚に決定的に重要な役割をするからなのです。つまりレチナールに光が当たるとA、Bと言う2つの立体構造の間を可逆的に変化し、その構造変化を神経が感知して、光の存在を認識すると言う仕組みなのです。

酸化酵素と視覚喪失

視覚のためにはレチナールは必須物質です。そして、レチナールをつくるためには酸化酵素は必須酵素です。

そのため、酸化酵素は特に目の周囲にたくさんあります。体内に入ったメタノールは血流に乗って体内を循環します。そして、酸化酵素に逢った時に酸化されます。この確率は酸化酵素のたくさんある目の周囲で高くなります。つまり、メタノールを飲むとまず、視覚が打撃を受けるのです。

●カロテンとレチナールの構造

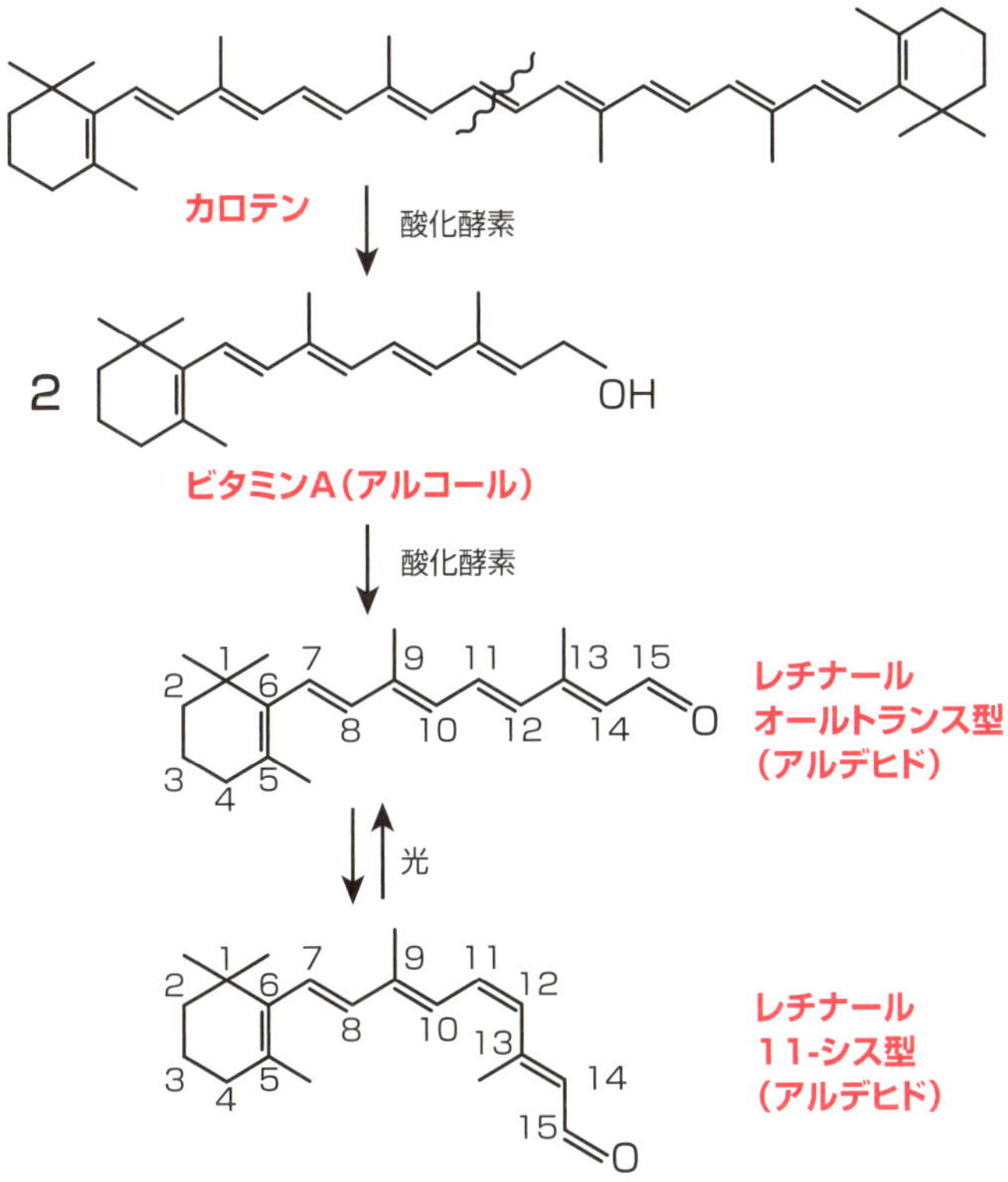

Section 04 お酒と宗教

お酒は美味しいから飲むのですが、そうとばかりも限りません。お付き合いでイヤイヤ飲む人もいるかもしれませんし、儀式で緊張して飲むこともあるでしょう。儀式には結婚式やお葬式などがありますが、なんだかんだで神様と仏様がお出ましになります。これは世界中で同じです。お酒と宗教は切っても切れない関係にあります。

宗教とお酒の関係

世界中には数えきれないほどの種類の宗教があります。しかし、世界の四大宗教と言うものがあります。その名前とおよその信者数は次の通りです。

- 1位 キリスト教 … 約19億人

・2位 イスラム教…約10億人
・3位 ヒンズー教…約7億6千万人
・4位 仏教…約3億4千万人

世界の総人口は70億人ほどですから、30億人ほどはこの他の宗教を信じるか、あるいは無神論者と言うことになります。

さて、これら四大宗教とお酒の関係はどうなっているのでしょうか？ イスラム教では経典でハッキリとお酒は禁止されています。つまり、「酒は心を乱す飲み物で悪魔の業であり、これを避けなさい」と書いてあるそうです。イスラム教の教えでは「天国にはお酒の流れる川があり、そこではたっぷりと飲めるのだから、現世では我慢しろ！」ということのようです。

ヒンズー教と仏教でも、禁止とは言わないまでも、飲まない方が良いとしてあります。ヒンズー教徒の多いインドでは、酒屋さんは目立たない所でひっそりとしてあると言います。しかし、それにしては結婚式などでは盛大な酒宴が行われ、メタノールで大問題が起こったりしますから、建前と本音は違うのかもしれません。

それは仏教でも同じです。お寺の門前には「葷酒山門（くんしゅさんもん）に入るを禁ず」などと麗々しく彫った石碑が建ったりしていますが、お寺で般若湯（はんにゃとう）という名前でお酒が飲まれているのは衆人が知っていることです。お葬式には精進落としとか言って酒宴が催されますし、法事でも同じです。高名な空海だって、お母さん手作りの「爪弾きの酒」を飲んで、寒い高野山で暖を取ったと言います。

ですから、この2つの宗教では、「酒は飲んでも飲まれるな」という卑俗な言葉がお酒に対する教義のようなものなのでしょう。


このように見てくると、お酒に無頓着なのはキリスト教だけのようです。ところが無頓着どころか、キリストは最後の晩餐で赤ワインを空けながら、「この杯はあなたがたのために流される私の血による新しい契約である」と言っています。キリスト教徒にとってワインは神との契約の証なのです。しかし、キリスト教でも飲み過ぎると神の教えや、神そのものまで忘れかねないので注意しなさいとは言っています。

日本の宗教とお酒

日本の伝統宗教は神教でしょう。ヤオヨロズノカミとタカマガハラにおわしますアマテラスオオミカミ一族との関係がどうなっているのかというようなことはともかく、タカマガハラではお酒は解禁だったようです。

そのため、アマテラスオオミカミの弟のスサノオノミコトは、日に日に酔っぱらって姉に絡み、耐えかねた姉がアマノイワトに隠れたと言うのが日食の起源として書いてあります。酒癖の悪すぎたスサノオノミコトはタカマガハラから地上に放逐され、しかし、そこでヤマタノオ

●三々九度の道具

ロチを酒で酔わして退治すると言う大手柄を立てて、今も神社に祭られているという、童話のような武勇譚があります。

　ということで、神教とお酒は切っても切れない縁にあります。神社にお参りすれば御神酒(おみき)をご馳走され、神式の結婚式では三々九度と称して御神酒が振る舞われます。

　お酒は厄を払う神聖な飲み物として、他の飲み物とは格の違う物と位置付けられています。

ギリシアの神々とお酒

　古代ギリシアでは神々は一族をなして、オリンポスの山に住んでいたそうです。親分はゼウス(ジュピター)です。ゼウスはかなりの好きもので、綺麗な女性がいると白鳥や牛はともかく、金貨に化けて女性の寝室の天井から降り注ぐなどという、恥じも外聞も無いような振る舞いをします。そのくせ、気に入らない若い男性の神には難癖をつけてお得意の雷をぶつけます。

　このような神の支配する集団ですから、お酒を飲まない日などあるはずがありません。この集団ではお酒を管理する係りも決められており、それがディオニュソス（バッカス）でした。

彼はブドウとワインの管理を任されていました。ディオニュソスには狂気が付きまとっています。彼自身が狂気になってあちこちを彷徨いますし、狂気から覚めると彼を慕う信者が狂気の集団となって彼に従うという具合です。お酒のもたらす狂気性の表現なのでしょう。

しかし、オリンポスの神々が不老不死のお酒として飲んだのはワインではなく、ネクターと言う赤くて甘いお酒だったと言います。

●ディオニュソス（バッカス）

危ないお酒

前項で見たギリシア神話のお酒の神様ディオニュソスにしろ、日本神話のスサノオノミコトにしろ、常人とは違っているようです。つまり「異常」のようです。昔からお酒と異常は紙一重どころか同じように思われていたのかもしれません。それだけに「酔った」状態は、「常態」を超越した特別の「神がかり」的な状態と思われていたのかもしれません。

浸漬酒

お酒の定義は「エタノールを含む飲料水」です。エタノールを含まない普通の飲料水、すなわち、ジュースや炭酸飲料、乳酸菌飲料などとの違いはエタノールを含むかどうかの違いだけです。

人間という動物にエタノールを与えたらどのような反応を示すかは、多くの実験で明らかになっています。人間はそんなに複雑な動物ではありません。ところが、「お酒」を与えると、「エタノール水溶液」を与えた場合とは反応が違うことがあります。とくに浸漬酒、リキュールを与えた場合に顕著です。リキュールは濃度の高い、すなわち純粋に近いエタノール水溶液に各種の果実、葉、樹脂、根などを浸漬してそのエキスを抽出したものです。

人間が特定のお酒を飲んだ場合に示す特定の反応は、お酒、すなわち「エタノール水溶液」を飲んだ場合に示す一般的反応ではなく、それぞれの浸漬酒に使われた特定の「浸漬物」の影響によるのではないかとの結論が導かれます。

このような思考の結果、普通の人間を「特定の精神状態」に導くための「特定の物質」が特定されることになりました。このような実験は、どのような場合でも特定集団、特定利益集団、特定地域集団、特定国家単位で行われ、その結果は、その実験を行った特定集団の最高機密情報として管理されます。

原始宗教のお酒

このような「危険なお酒」を利用した一つの集団が原始的な宗教でした。これらの宗教では、ある種の果実、キノコ、葉、茎、樹皮、根、あるいはある種の両生類、爬虫類などの浸漬酒を信者に飲ませ、特定の酒酔い状態、さらには酩酊状態に陥らせました。日常、そのような経験の無い信者は、自分が陥った状態は神様に導かれた状態、すなわち神がかりの状態と誤認し、その状態で囁かれる巫女の声を神の声と錯覚し、巫女の言うままに動かされたのでしょう。わけのわからない占いもお酒というバックラウンドがあれば、より神秘的に、より確からしく聞こえると言うものです。

アッサシンのお酒

このような危険なお酒を特定の目的に使ったと言われたのがアッサシンでした。アッサシンは中世イスラム教の一派といわれ、暗殺を常套手段とするとして恐れられました。彼らの手口は次のようなものです。

街角に佇む若者に声をかけ、例のお酒を飲ませます。酔って寝たところをアッサシンの根城に連れ込み、山海の珍味(贅沢なご馳走)と素晴らしい美女のサービスで恍惚とさせます。若者が自我を失った頃に、元の街角に連れ戻し、「もう一度あの恍惚の世界に戻りたかったら○○を殺せ」と囁くのだそうです。大変に興味深い話ですが、現在ではこの話は作り話だと言われています。

戦争のお酒

ところが、これが現実になったのが現代の戦争です。政治家レベルの話はどうあれ、実務者レベルの戦闘員にとって、戦争は殺し合いとしか言いようはありません。戦闘に出かけたら敵を殺して生還するか、敵に殺されて骸(むくろ)で帰るかどころではなく、帰れないかもしれません。怖くないはずはありません。

その怖さを忘れさせ、カラ元気を出させる化学物質が開発されたのです。狂気の化学物資としか言いようがありません。誰が作ったのかは、はっきりしていません。しかしその人も、狂気の薬と思って開発したわけでは決してありません。ゼンソクで苦しむ患者を助けたいとの一心で開発したのです。ところが、出来てみると、その薬には「副作用」としてとんでもない働きのあることがわかりました。

この副作用に目を着け、利用したのが軍部でした。日本軍の事を言っているのではありません。第二次大戦からベトナム戦争にかけ、日本、ドイツ、アメリカなどの参戦国のすべてが利用したと言ってよいでしょう。

日本軍では、特攻戦士に与えました。これから間違いなく死地となる戦場に赴く兵士に、この薬剤を溶かしたお酒を、手向けの水杯(みずさかずき)と称して飲ませたのです。兵士は半ば狂気の境地で二度と帰れぬ戦地に出陣したのでした。

お酒は美味しく楽しいものです。しかしその反面、暗く、狂気に満ちた歴史をも担ぐものだということは忘れたくないものです。

Chapter. 2
お酒の種類

お酒の分類

デパートのお酒売り場やお酒の専門店に行くと、広い壁の上から下まで棚で覆われ、お酒のガラス瓶、陶器瓶、アルミ缶、紙パックがあふれんばかりに置いてあります。一体何種類あるのでしょうか？　たぶん、酒屋さんにも数えきれないほどあるのではないでしょうか。

デパートに並ぶお酒の種類

どんな種類があるのか眺めてみましょう。棚はいくつかの分類に分けられているようです。よく知られたところでは、ビール、日本酒、清酒、ワイン、焼酎、ウイスキー、ブランデー、ウォッカ、紹興酒、カンチューハイ、カクテルなどです。

その上、ビールの棚は、また細かく分けられ、サントリー、キリン、バドワイザーなど会社の名前なのかビールの種類の名前なのか分からない名前のアルミ缶が目白押しです。日本酒のコーナーはもっとすごいかもしれません。日本酒があって、清酒があります。同じ物なのでしょうか、それとも違う物なのでしょうか？　その上、月桂冠、黄桜、浦霞などとお酒の固有名なのか会社の名前なのか、はたまた作っている地方の名前なのかわからない名前が並んでいます。お酒の種類は一体どうなっているのでしょうか？

お酒の分類

お酒の種類は膨大なものです。日本酒の

●さまざまなお酒

種類が何種類あるのか、多分正確に答えられる人はいないのではないでしょうか。お酒の分類は何通りもありますが、大きく分けて次の4種類に分けることができます。

❶醸造酒

グルコースに酵母を働かせて作ったお酒を醸造酒と言います。日本酒、ビール、紹興酒などが代表と言えるでしょう。醸造酒のアルコール度数は18度止まりと考えてよいでしょう。それ以上のものは、蒸留酒かあるいは蒸留酒にエタノールを添加してあることがことが多いようです。

❷蒸留酒

醸造酒よりもっと強い(アルコール濃度の高い)お酒が欲しいという要求にこたえてできたのが蒸留酒です。蒸留酒の作り方は後に詳しく見ますが、かんたんにいえば、醸造酒に熱をかけて沸騰させ、沸騰した成分の内、アルコール成分の高い部分だけを集めたものです。中には、このようにして得た蒸留酒をさらに蒸留して、純粋アルコールに近い濃度にまでした蒸留酒もあります。

この結果、蒸留酒のアルコール濃度は、20%程度から90%以上のものまでいろいろあることになります。

❸ 浸漬酒

お酒の中に有機物を入れると、浸透圧の関係で、有機物の成分がお酒の中に浸み出てきます。このようにしていろいろの有機物、果実、野菜、昆虫、ヘビなどをお酒に漬けこむことが行われます。この場合のお酒は、アルコール濃度の高い物が浸出力が強いので、多くの場合、蒸留酒が用いられます。このようにして作ったお酒を浸漬酒、一般にリキュールと言います。

日本の家庭で作られる梅酒、あるいは沖縄地方で作られる、毒蛇のハブを漬け込んだハブ酒は典型的な物と言えるでしょう。

❹ カクテル

このように、お酒の種類はたくさんあります。すると、これらのお酒を混ぜて飲んだらどんな味になるのだろうという探究心が湧いてきます。

このようなことから、何種類ものお酒を混ぜたお酒、いわば混合酒が誕生しました。このようなお酒を一般にカクテルと言います。カクテルは味を楽しむだけではありません。香りはもちろん、色彩も重要な要素になります。

カクテルは混ぜてかき混ぜるだけではありません。何種類もの比重と色彩の異なるお酒をグラスに静かに注ぎ足していき、層ごとに異なる色彩を楽しむ、まるで成層圏のようなカクテルもあります。カクテルに混ぜる液体はお酒に限りません。ジュース、浸出液、あるいは飾りに果実、梅干しなど、バーテンダーの知恵と思いつきでいくらでも種類は広がります。

●カクテル

Section 07 原料によるお酒の種類

多分、人類は根っからのお酒好きなのでしょう。お酒を造るためには何だって利用します。

基本的にほとんどの植物はグルコースやデンプンを持っています。したがって、植物の全ての部分はお酒の原料にすることができます。

果実を用いたお酒

果実には、たっぷりのグルコースが含まれています。しかも果皮には天然の酵母が着いていることが多いです。そのため、果実を保存すると自然に発酵して困る事すらあります。したがって、基本的にはすべての果実からお酒を作ることができると考えてよいでしょう。

日本では果実酒と言うと、梅酒のように果実を蒸留酒に漬けたものを指すことが多いですが、ここではそのような浸漬酒ではなく、果実の果汁をアルコール発酵させたものを取りあげます。

❶ブドウ

醸造酒としてワイン、貴腐ワイン、炭酸ガスを含んだ発泡性のシャンパン、蒸留酒としてブランデーなどがあります。

❷リンゴ

醸造酒としてリンゴ酒（シードル）が有名です、発泡性の物もあります。甘くて飲みやすいので、お酒を飲み始めたばかりの若者や女性向けのお酒と言えます。

●ワイン

❸ ナシ

洋ナシから作った醸造酒はペアサイダーとよばれリンゴ酒と同様に飲まれます。

❹ スモモ

スモモの実と種を磨り潰したものを発酵させ、得られた醸造酒を蒸留したものはスリヴォヴィッツと呼ばれ、食前酒として親しまれています。

❺ サクランボ

果実全体を磨り潰して作った蒸留酒はキルシュヴァッサーと呼ばれ、食前酒、製菓用に使われます。キルシュはドイツ語でサクランボのことでワッサーは水の意味です。

❻ バナナ

バナナの皮をむき、潰したものを発酵させたお酒をタンザニアではンベゲと呼び、ポピュラーなお酒です。

❼ 桃

特別の名前は無いようですが、最近日本でも色々の商品名で販売されています。

❽ 猿酒

ましら酒とも言います。猿が果実を樹の祠に溜めこみ、放置した間に発酵してできたお酒のことを言うようです。サルナシと言う果実はサルが好んでお酒にしたのでこの名が着いたとか言います。しかし、猿酒はどうも伝説の域を出ないようです。

この他にも多くの果実から作られたお酒が世界中で飲まれています。旅行の折に珍しい物を探すのも旅の楽しみでしょう。

穀物を用いたお酒

穀物に含まれる糖分の大部分はデンプンです。したがって穀物からお酒を作るにはまずデンプンを加水分解し、それからアルコール発酵をしなければなりません。したがって、果実からお酒を作るのと比べて高度の技術を要します。

❶うるち米（普通のコメ）

日本酒、焼酎、泡盛(あわもり)などの原料になります。重要な原料ですので、次のもち米と合わせて後の章で詳しく見ることにします。

❷もち米

味醂(みりん)の原料になります。

❸大麦

ウイスキー、ビールの原料になります。重要な原料ですので、後の章で詳しく見ることにします。

❹小麦

麦にはいろいろの種類がありますが、お酒に使われるのは主に大麦です。一般的ではありませんが、小麦もビールやバーボンウイスキーの原料に使われます。とくに地ビールと言われるものの中には小麦を使っている物があります。

❺ライムギ

バーボンウイスキーの原料になります。

❻高粱（コウリャン）

中国のお酒である紹興酒（ショウコウシュ）（老酒（ラオチュー））、茅台酒（マオタイチュー）などの原料になります。

❼トウモロコシ

バーボンウイスキーの原料になります。

●バーボンウイスキー

他にも栗（栗焼酎）、胡麻（胡麻焼酎）、蕎麦（蕎麦焼酎）など、いろいろの穀物がお酒の原料になっています

木の実を用いたお酒

意外と種類が少ないようです。探したらもっとあるかもしれません。

❶栗

栗焼酎の原料になります。

❷ココナッツ

ココナッツから作るお酒「トディ」はインド系マレーシア人のお酒です。マレーシアはイスラム教の国なので、お酒を作ることが許可されていないため、密造酒として楽しまれているということです。日持ちがしないため、作ったらすぐに飲まなければならないそうです。

樹液を用いたお酒

メープルシロップをとるカエデのように、樹液には糖分を含んだものがあります。これらはお酒の原料になります。

❶ サトウキビ

サトウキビの樹液を発酵させ、蒸留したお酒をラム酒と言います。実際には樹液から砂糖を採った後の廃液を発酵させたものです。アルコール含有量は40％から80％近くまでいろいろあります。ラム酒はお菓子にも用いられます。

❷ リュウゼツラン

●ラム酒

リュウゼツランから作ったお酒にはプルケ、メスカル、テキーラがあります。リュウゼツランの幹を蒸し焼きにし、それを発酵させた醸造酒はプルケと呼ばれ、アステカ帝国時代には神の酒とされたそうです。スペインが蒸留技術を持ち込んでから作られた蒸留酒がメスカルであり、その中で品質を保証されたものがテキーラということです。テキーラのアルコール度数は35～55度であり、40度が一般的と言います。

❸ヤシ

ヤシの花軸を切り、そこから出る樹液を集めて作ったお酒がヤシ酒です。アフリカ、インド、東南アジアで広く作られており、地域によって名前もエミュ、マラフなどといろいろです。一般に熟成させることはなく、できたらすぐに飲んでしまうそうです。このお酒は蒸留することもあり、これはラングノバ、オゴゴロなどと呼ばれます。

葉、芽を用いたお酒

お茶の葉、琵琶の葉、柿の葉など葉を用いたお酒はいろいろありますが、ほとんどは葉を蒸留酒（焼酎）に漬け込んだ浸漬酒です。

❶松葉酒

松葉酒には浸漬酒と醸造酒があります。醸造酒は容器に松葉と砂糖を入れ、自然発酵で作ります。

❷モヤシ酒

一般にモヤシと言うのは発芽したばかりの芽の事を言います。ビールやウイスキーの原料は大麦ですが、実際には大麦を発芽させて麦芽になった物を用います。麦芽は大麦のモヤシです。

根を用いたお酒

根、要するにイモ類には多量のデンプンが含まれています。お酒の原料には最適と言えるでしょう。

❶ジャガイモ

ジャガイモを酵素や麦芽で加水分解（糖化）してグルコースにし、醸造した後、蒸留したものはアクアヴィットと呼ばれ、デンマーク、スウェーデン、ノルウェーなどの北欧で製造されています。ドイツにも同じようなお酒があり、シュナップスと呼ばれます。またウォッカの原料にもなります。

❷サツマイモ

イモ焼酎の原料になります。

その他の原料によるお酒

変わった原料で作るお酒もあります。

❶蜂蜜

蜂蜜は糖分の塊のようなものですから、お酒にしないのが不思議なようなものです。

蜂蜜には天然の酵母も入っており、放っておいてもお酒になるようなものですが、現実はそうではありません。糖分が高すぎて、微生物が繁殖できないのです。砂糖に殺菌作用があるのと同じことです。

しかし、蜂蜜を水で2〜3倍に希釈すれば発酵が始まります。このようにして作った醸造酒をミードと言います。蜂蜜酒は、ワインなどよりも古く1万年以上前からあったとされる人類最古のお酒です。

●蜂蜜酒

❷ 馬乳

モンゴルには馬のオッパイ、馬乳から作るお酒があります。馬乳酒、現地語でクミスあるいはアイラゲと言います。哺乳類と言う動物が分泌する体液と言うと、成分はタンパク質と思いがちです。アルコール発酵は糖類という炭水化物の専売特許です。タンパク質からお酒ができるとは思えません。

乳汁は赤ちゃんがその成長を一手に託す食料です。いくら動物といってもタンパク質だけでは命を養えません。乳汁の中には命を育むための必要にして十分な栄養分が入っています。もちろん糖分も入っています。その糖分がラクトース（乳糖）です。

乳汁から作るお酒はこのラクトースをアルコール発酵しているのです。乳汁に含まれるラクトースの量は動物によって違いますが、特に多いのが人乳と馬乳でその量は7％ほどと言います。とは言っても7％の糖分を発酵するのですから、どんなに頑張っても馬乳酒のアルコール含量が7％を超えることはありえません。馬乳酒のアルコール度数は2～3度程度と言います。したがって、酔うために飲むお酒とは言えないようです。現にモンゴルでは赤ちゃんが哺乳瓶から馬乳酒を飲んでいることもあるそうです。

馬乳酒と言えども蒸留すればアルコール度数は高くなります。馬乳酒を蒸留したものをアルヒと言います。伝統的なアルヒのアルコール度数は7度程度と言いますが、観光客用に20～40度のものもあるそうです。また。穀物から作った、いわばウォッカに相当する物もアルヒの名前で通用するそうですから、本物のアルヒに遭遇するのは難しいかもしれません。

❸パン

古代エジプトでは、パンからお酒を作ったと言う話があります。パンを水に浸しておくとお酒になったのがビールのはじまりと言う説もあります。

パンは小麦という麦から作ります。デンプンの塊です。問題はデンプンを加水分解（糖化）する酵素と酵母の存在です。パンは小麦粉を高温に熱して作ります。タンパク質の酵素や微生物の酵母が生き残っているとは思えません。

ところが、古代エジプト時代のパンは現代のパンとは違うのだそうです。当時のパンは外側は焼けて硬くなっているものの、中は半生状態だったと言うのです。不思議に思うことはありません。タコ焼きのような状態だったと思えばよいのです。

これならば酵素、実際には麹も酵母も元気でいたことでしょう。ということであれば、適当な温度と水分と時間があればお酒になることも可能でしょう。もちろん、現代のパンでは無理ですが。

国によるお酒の違い

お酒は文明のバロメータと言われ「優れた文明は優れたお酒をもっている」と言います。一方、宗教によってはお酒を禁じているものがあります。そのような宗教が席巻しているところではお酒の文化も育ちようがありません。

また、お酒は微生物の働きで作ります。微生物が活動できないような極寒の地でも、お酒を探すのは無理でしょう。

中国のお酒

お酒が文明のバロメータだとしたら、4000年の歴史を誇る中国には素晴らしいお酒がないと困ります。ご安心ください。中国にはいろいろの素晴らしいお酒があります。

❶ 醸造酒

中国のお酒にも醸造酒と蒸留酒があります。醸造酒のことを一般に黄酒（ホアンシュウ）と言います。

・紹興酒（ショウコウシュ）

うるち米から作ったお酒です。

・老酒（ラオチュウ）

紹興酒を熟成したものを老酒と言います。昔の中国では娘が生まれると紹興酒を仕込み、カメに入れて貯蔵したそうです。やがて娘が成長して嫁ぐときに、その祝いの席で開けたのがこの紹興酒でした。そのため老酒とも呼ばれると言うことです。

日本では老酒を飲むときに、グラスに

●老酒

氷砂糖を入れる習慣があるようですが、これは中国江南地方の習慣によるものと言われます。

❷ 蒸留酒

中国では蒸留酒の事を一般に白酒（パイチュウ）と言います。原料は、トウモロコシ・高粱（コウリャン）・ジャガイモ・サツマイモなど多様です。

・茅台酒（マオタイチュウ）

中国の国酒とされる銘酒です。香が強いことが特色です。

高粱、黍（キビ）などを原料とし、大麹（だいきく）という麹を加えて、固体醸造法で作った蒸留酒です。作り方は特殊ですので、後で詳しく見ることにしましょう。

アルコール度数は、以前は65度でした

●茅台酒

が、現在は35〜47度に下げられました。飲みすぎても二日酔いせず、むしろ適度の飲用は健康に良いとされます。かつての副主席、周恩来（シュウオンライ）は風邪を引いても薬は飲まず、茅台酒を飲んで治したということです。

・汾酒（フェンチュウ）

マオタイチュウと並び称される中国の銘酒です。原料は高粱の粉であり、それに大麦、えんどう豆などから作ったキョクシという麹を加えて固体醸造法で作ります。アルコール度数は50〜60度です。

アフリカのお酒

人類発祥の地であるアフリカはお酒の発祥の地でもあったのかもしれません。植物の種類が多いこと、天然酵母の種類が多いこと、加えて民族の種類が多いこととあいまって多種類のお酒が存在します。しかしそれらの多くは醸造酒であり、また冷蔵設備が不十分なため、保存すると酸敗などが起こるので、多くは自家消費となり、市販品として広く市場に出回るということは少ないようです。

❶ 単発酵酒

単一種類の原料から作る醸造酒です。

・ヤシ酒

アブラヤシ、ナツメヤシなどいろいろの種類のヤシから作られます。製造を始めて24時間後には糖分の半分が発酵で消費されます。この時点でのお酒が一番好まれると言います。2日間置くとアルコール度数は最高になりますが、その時点で5%ほどです。それを過ぎると急速に減少します。

●ヤシの木

・バナナ酒

熟成したバナナをバナナの葉を敷いた孔に入れて半日から一日発酵させたものです。発酵が終わった後は容器に移してストローで飲みます。わずかに発泡性でアルコール含量は1・5%といいますから、お酒とは言えないかもしれません。

・蜂蜜酒

アフリカの多くの醸造酒のアルコール度数が5%以下と低い所にあって、蜂蜜酒は7〜14%と高いのが特徴です。蜂蜜が高価なこともあり富裕層の飲み物と考えられています。祝祭、婚礼など、特別の機会に用いられます。

❷ 複発酵酒

何種類かの穀物から作る酒であり、デンプンの糖化過程を含みます。

・ボウザ

ファラオの時代から続くエジプトの伝統酒です。青みがかった黄色のお酒で濃厚感と酸味があるといいます。原料は小麦やトウモロコシですが上等品は小麦だけで作ると言います。

小麦の1／4は水に浸して発芽させ、麦芽とします。残りの小麦は荒く挽き、水で練って生地を作ります。これを厚く切って軽く焼いてパンにします。パンを砕いたものと麦芽を水に混ぜて木製の樽で、室温で24時間発酵させます。その後、篩（ふるい）にかけて粒子を取り除いて飲料にします。アルコール濃度は4・5～5・5度といいます。

・タラ

エチオピアの家庭で作られるビールです。原料には大麦、小麦、トウモロコシなどが用いられます。ホップや種々の香草で香り付けをするほか、発酵容器を燃え枝や燃え草で擦って燻煙香を着けることもすると言います。

・ブサ

ケニアで作られるお酒で、飲むときに35～40℃に温めることがあるという日本酒のお燗に似たお酒です。トウモロコシとミレットと言う現地の穀物から作ります。

ミレットは水に浸した後、発芽させ乾燥して臼で挽いて粉末モルトにします。トウモロコシは水と練って硬い生地とし、3、4日熟成してから金属板の上で焼いてパンとします。パンを砕いたものと粉末モルトを水に混ぜて2～4日程度発酵させせます。アルコール度数は2～5度です。

●ミレット

❸蒸留酒

アフリカ全土にはたくさんの醸造酒があるので、それを蒸留した蒸留酒もたくさんあろうと推察されます。しかし流通しているのは多くないようです。

・チャンガ

ケニアのお酒で先述のブサを蒸留したものです。アルコール度数は24～41度です。

・オゴゴロ

ナイジェリア、ガーナなどで流通するものでヤシ酒を蒸留したものです。アルコール度数は27~40度です。

アマゾンのお酒

アマゾン地帯はジャングルに覆われた秘境の地ですが、同時にマヤ文明、アンデス文明、さらにはインカ文明と世界の主流文明とは一線を画する文明の栄えた地でもあります。お酒も歴史のあるものがありそうです。

❶マヤのお酒(バルチェ)

メキシコ及び中米北部にて古代マヤ人が製造していたお酒です。今日でもユカタン地域のマヤ人の間では一般的であり、バルチェという木の皮を蜂蜜と水に浸し、それをトウモロコシ粥に加えて発酵して作ります。

❷インカのお酒(チチャ)

昔のチチャは口噛み酒でした。これは穀物を口で噛むことによって酵素を与え、糖化を図るものです。

現在のチチャは別の方法で作ります。トウモロコシを発芽させてモヤシにし、芽が3~7㎝位になったら天日乾燥して、石臼で粉にします。この粉を大鍋で数時間煮て、土製の甕に入れます。種として前回作ったチチャの残りを少量加えて数日放置すれば完成です。

❸現代のお酒(ピスコ)

現地のブドウから作ったワインを蒸留したものです。貯蔵しないので無色透明です。アルコール度数は50度程度まであります。

●ピスコ

東ヨーロッパのお酒

ヨーロッパのお酒と言えばワイン、シードル、ブランデー、ウイスキーと有名どころが並びます。しかし、東ヨーロッパではそれらを手作りしたりする素朴なものが残っているようです。

❶トルコ

ラクというお酒が有名です。ワインを蒸留したものに香草のアニスで香付けしたものです。ブランデーベースのリキュールと言ってもよいかもしれません。ギリシアのウーゾも同じようなお酒です。

●香草のアニス

❷ハンガリー

パーリンカというお酒があります。ハンガリーで実った果実で作った蒸留酒ですが、リンゴとブドウが主です。

❸イタリア

グラッパが有名です。ブドウの搾りかすから作った蒸留酒で、ブランデーの庶民版でしょうか。

❹セルビア

スリヴォヴィッツがあります。プラムから作った蒸留酒で、アルコール度数は50度を超えます。家庭で手作りもするそうです。

●スリボヴィッツの原料でもあるプラム

Chapter. 3
醸造酒の種類と作り方

ワインの種類と作り方

ブドウから作った醸造酒をワインと言います。ブドウは大昔から存在した果実であり、果皮に天然酵母が付着していることから、ブドウを貯蔵して置けば自然とワインになります。そのため、ワインの歴史は長く、多分お酒の中で最古の歴史を持つものと考えられます。

ワインの種類

ワインは歴史が古いだけにいろいろの種類があります。私たちが普通に飲むワインはスティルワインであり、醸造法によって赤、白、ロゼがあります。シャンペンでよく知られる泡の出るワインは、一般にスパークリングワインと呼ばれます。フォーティファイドワインは発酵途中にエタノールを加えて発酵を中断したものです。細かいことは作り方の項目で見ることにし、まずは、ワインに関する知識を解説します。

ワインの成分

ワインの成分は無数にありますが、主な物を見てみましょう。

❶ エタノール

お酒の必須アイテムです。

❷ 酒石酸

ワインの酸味の素です。これは鉛Pbと反応すると酒石酸鉛という甘い物質に変化します。そのため、ローマ時代にはワインを鉛の鍋で暖めてホッ

●ワインの種類

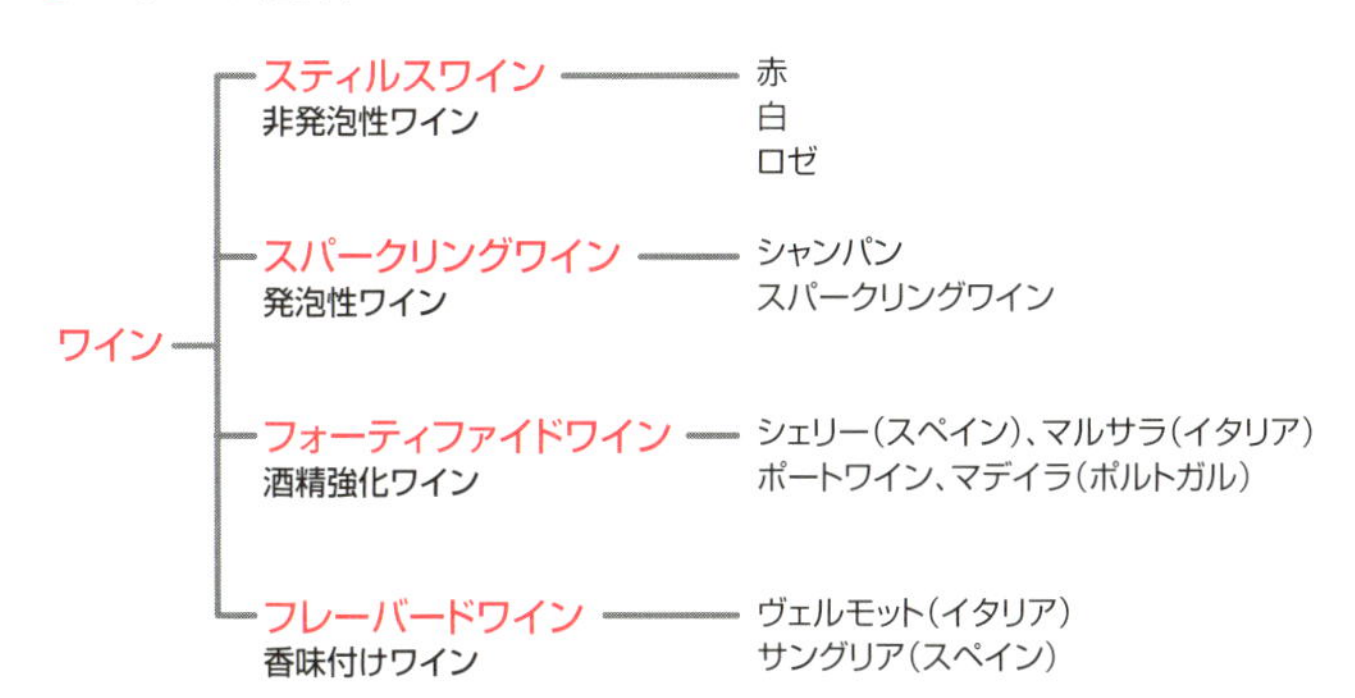

トワインにしたようです。また近世でもヨーロッパではワインに炭酸鉛$PbCO_3$の白い粉を振って飲む習慣がありました。ベートーベンはこれが好きだったと言います。

言うまでも無く鉛は毒物であり、神経を害します。ネロが狂ったのも、ベートーベンが耳を悪くしたのも鉛のせいと言う説もあります。日本では炭酸鉛(鉛白)は江戸から明治にかけて白粉として多用され、悲劇を生んだようです。

❸ポリフェノール

一般にカメノコなどと呼ばれるベンゼン骨格に原子団(置換基)としてOH(ヒ

●ワイン

ドロキシ基）が着いたものを一般にフェノールと呼びます。そしてベンゼン骨格に何個かのOHが着いたものをポリフェノールと呼びます。「ポリ」はギリシア語で「たくさん」を意味する数詞です。ポリフェノールには多くの種類があり、健康に良いと言う説があります。

❹タンニン

ポリフェノールの一種であり、渋みの原因になる物質です。お茶や渋柿にも含まれます。

❺アントシアニン

赤ワインの色の原因物質です。眼に良いとの説があります。

甘口と辛口

発酵によってブドウの糖分がアルコールに変わりますが、この糖分がアルコールに変わる程度によって、辛口、甘口が決まります。全ての糖分をアルコールに変えてしまえば辛口のワインになり、糖分が残っているうちに発酵を止めれば甘口のワインになります。

澱（おり）

古いワインでは瓶の底に濁りやゴミのような物が沈殿することがあります。これを澱といいます。これはタンパク質やタンニンなどのさまざまな成分が結合して沈殿したもので、害のあるものではありません。

酸化防止剤

ワインに限りませんが、食品は酸素に触れて酸化されると品質が落ちます。ワインの場合には、「酸化を防ぐ」「発酵過程の雑菌の繁殖を抑える」などの目的で亜硫酸ガスSO_2を加えることが伝統的に行われています。最近は健康志向で亜硫酸ガスが嫌われるため、これを加えないワインも出ています。

スティルワインの作り方

赤、白、ロゼで若干作り方が違います。

❶赤ワイン

基本的な赤ワインの作り方から見ていきましょう。あっけないほど簡単です。枝や軸を取り除いたブドウの果実から果汁を搾り、果皮、種子とともにタンクに入れて発酵させます。発酵後、圧搾機にかけて果皮と種子を取り除き、樽またはタンクに詰めて熟成します。その途中で、澱（おり）と呼ばれる沈殿物が出るので、上澄みだけを別の容器に移し替えます。この操作を澱引きと呼びます。何回か澱引きを繰り返した後、熟成を終えたワインは濾過によって不純物を取り除かれ、びん詰めされて更に熟成、出荷されます。

❷白ワイン

白ワインは発酵前に果皮や種子を取り除きます。そのため、色がつきません。

❸ロゼワイン

赤ワインと白ワインを混ぜればロゼになりそうですが、ヨーロッパではそのような作り方は禁止されています。ロゼワインの正式な作り方は次の3種です。

・セニエ法

赤ワインと同じく果皮とともに発酵を行い、ある程度色がついた段階で果皮を取り除き、果汁だけで発酵を継続します。

・直接圧搾法

赤ワイン用の黒ブドウをつぶして直ぐに搾汁し、果汁だけで発酵を行います。搾汁工程中に果皮からアントシアニン（赤ワインの色素）が果汁中に若干移行するので、ロゼ色となります。

・混醸法

発酵前の黒ブドウと白ブドウを一定の割合で混ぜて発酵を行います。

シャンパンの作り方

一般に3気圧以上の圧力で二酸化炭素（炭酸ガス）CO_2を封じ込めた発泡性のあるワインをスパークリングワインと言います。有名なシャンパンはフランスのシャンパーニュ地方で造られるワイン固有の名称であり、その品質はワイン法により厳しく規定されています。ですから、同じフランス国内で造られていても、規定から外れるものはシャンパンと呼ぶことはできません。

シャンパンの作り方は次の3つの方法があります。

❶トラディショナル方式

スティルワインを瓶に詰め、糖分と酵母を加えて密閉し、瓶内で二次発酵を起こさせます。発酵後も熟成、澱引きなどが必要で、手間とコストがかかります。シャンパン方式とも呼ばれます。

❷シャルマ方式

スティルワインを大きなタンクに密閉し、その中で二次発酵を起こさせる方式です。短期間に大量に製品化できるため、コストを抑えることができます。その一方、製造過程でワインが空気に触れないので、マスカットなど、ブドウの香を残したい場合に最適の方法でもあります。

❸トランスファー方式

瓶内で二次発酵をさせた、炭酸ガスを含んだワインを加圧下のタンクに移し、冷却、ろ過した後、新たに瓶詰めします。トラディショナル方式を簡略化したものといえます。

フォーティファイドワインの作り方

ブドウの発酵の途中に、アルコール度数40度以上、ときには95度のブランデーやアルコールを添加して発酵を止めてしまったワインです。このようにすることによって、未発酵の糖分が残り、甘味やコクがのこります。一方アルコール度数は加えたアルコールのせいで15～22度程度まで高くなります。

フォーティファイドワインには、甘口と辛口のものがあり、一般に甘口はデザート用、辛口はアペリティフ（食前酒）用とされます。

スペインのシェリー、ポルトガルのポートワイン、そしてマデイラワインは、世界三大フォーティファイドワインと呼ばれています。

その他のワイン

ちょっと変わったワインの種類と製法を見てみましょう。

❶ 貴腐ワイン

ブドウの果皮にはワックスが分泌され、中の水分が揮発するのを防いでいます。ところがブドウに貴腐菌と言う一種のカビが生えると、このカビがワックスを食べてしまいます。この結果、ブドウは水分を失い、干しブドウ状態になります。このブドウから得られる糖度の高い果汁を醸造したものが貴腐ワインです。

ボルドーのソーテルヌやドイツのトロッケンベーレンアウスレーゼが有名です

❷アイスワイン

冬になって外気温が下がると、ブドウが木になったまま凍結します。この状態ですぐに果汁を搾ると、糖度の高い果汁が得られるので、これを醸造します。カナダやドイツが有名です。

❸干しブドウワイン

干しブドウ状態のブドウから得られる糖度の高い果汁を醸造したものです。フランス・ジュラの藁ワイン（ストローワイン）やイタリアのパシートが有名です。

●凍結したアイスワイン用のブドウ

日本酒の種類と作り方

日本酒はとても複雑でわかり難いです。複雑でわかりにくいと言うのは味の話ではありません。分類、種類の事です。

日本酒と清酒

日本酒は言うまでも無く日本のお酒です。私たちはふだん、日本酒という言葉と清酒という言葉を区別しないで使っています。日本のお酒にはドブロク(濁り酒)、清酒、焼酎などがあります。日本酒はこれらのお酒の総称なのでしょうか？　それとも清酒の事だけを言うのでしょうか？　その前に、ドブロク、清酒、焼酎の区別はどうなっているかというと、清酒と言うのは米と米麹から作られた醸造酒のうち、アルコール度数が22度以下のものを言うのです。ですから、ドブロクも濁り酒も22度以下なら清酒と言うことになります。つまり「清酒＝日本酒」なのです。

アルコール度数40度以上という特殊な清酒も市販されているようですがこれはエタノールを加えてあるので、酒税法上の分類はリキュール（浸漬酒）になります。

日本酒の作り方

日本酒の分類は複雑ですので、予備知識がないとよく飲み込めません。予備知識として日本酒の作り方を見ておきましょう。

❶米を削って（磨いて）シンコだけにする
❷米を甑（こしき）という蒸し釜に入れて蒸す
❸できたご飯（蒸米）に麹菌を加えて米麹を作る
❹米麹に蒸米、水、酵母を加えて酵母を増殖させて酒母（もと）を作る

●日本酒の分類

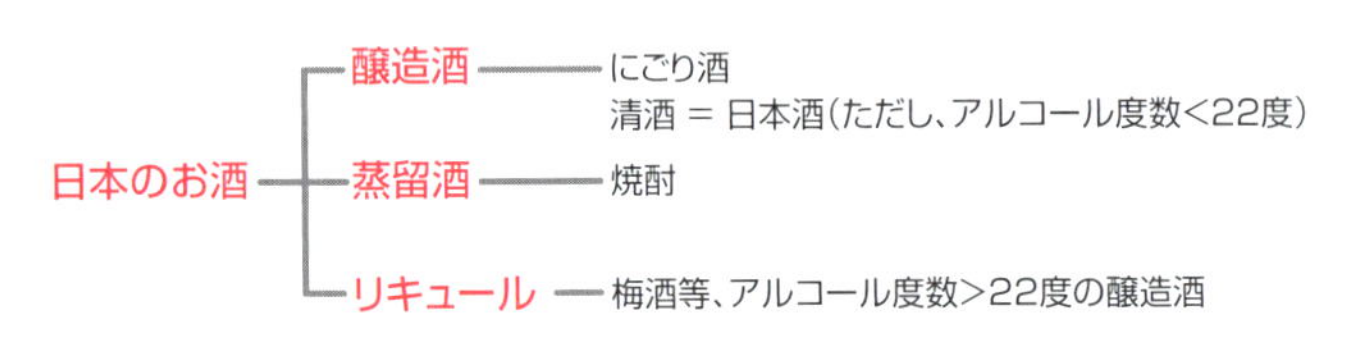

❺ 大きなタンクに水、蒸米、酒母を入れて醪(もろみ)とし、発酵させる。この段階を仕込みという
❻ 発酵が終わったら醪を絞る
❼ 酵母の活動を止めるため加熱(火入れ)する
❽ 数か月熟成
❾ 殺菌のために火入れ
❿ 瓶詰、出荷

日本酒製造の技術

日本酒は杜氏(とうじ)と言われる熟練の職人が作ります。各段階で独特の技術があるようです。主なものをみてみましょう。

❶ 精米歩合

玄米の外部には糠(ぬか)が着いています。これを除いたものを白米と言います。白米も外

側はタンパク質など、デンプン以外の成分が入っています。この部分を削り落とすことを精米、あるいは磨きと言います。米の重量の何%が残ったかを精米歩合と言います。精米歩合が低いほど高級酒と言えます。

❷ 麹作り

蒸米を35℃くらいに冷まし、そこに麹菌を加えます。温度管理が大切ですが、最近は麹製造機がやってくれます。二昼夜ほどかかります。麹の出来はお酒の出来を左右すると言います。

❸ もとつくり

もとの中には酵母の働きを阻害する雑菌が入っています。そこでもとに乳酸菌を入れ、発生した乳酸によって雑菌を排除します。この乳酸菌の種類によって「速醸もと」と「生もと」に分けられます。もとつくりに要する日数は「速醸もと」で2週間、生もとでは4週間ほどかかります。

❹ 三段仕込み

仕込みは一度に原料を全部入れるのではなく、3回に分けて入れます。これを三段仕込みといいます。最初を「初添（はつぞえ）」、2回目を「中添（なかぞえ）」、3回目を「留添（とめぞえ）」と言い、だんだん量を増やしていきます。一度に大量に加えると酵母が発酵不能になることがあります。留添を終えたら温度管理をしながら3週間ほど発酵を行います。

❺ 併行複発酵

仕込みを終えたもろみの中では、「麹がデンプンを分解してグルコースにする加水分解過程」と「酵母がグルコースをアルコールにするアルコール発酵過程」が同時進行しています。これを併行複発酵と言います。

❻ 火入れ

約60℃に加熱して酵母の働きを止めます。火入れをせずに、特殊なフィルターで酵母やその他の菌を取り除いたお酒を「生酒」と言います。

❼ 吟醸造り

「吟醸酒」「吟醸造り」「吟醸香」などと、日本酒では吟醸という言葉がよく出てきます。吟醸造りで作ったお酒が吟醸酒であり、そのお酒の香が吟醸香なのでしょうが、それでは吟醸造りとはどのような造り方なのでしょうか?

それは「精米歩合60%以下の米を低温で時間を掛けて丁寧に作ること。」だそうです。温度や時間や丁寧さは酒造者任せです。要するに「吟味して造る」ということです。

❽ アルコール添加

日本酒には、味の調整だとか雑菌の繁殖防止だとかの理由でアルコール(エタノール)を添加することが認められています。世界中のお酒でアルコール添加が公に認められているのは日本酒だけであり、恥ずかしいことだと言う識者は多いですが、改正の動きは無いようです。

❾ 醸造アルコール

エタノールは工業的にエチレンH_2CCH_2に水H_2Oを付加することによって作ること

ができます。一方、穀物クズなどをエタノール発酵させて、それを蒸留しても得ることができます。後者を特に醸造アルコールと言います。もちろん、化学的には全く同じものです。しかし、日本酒に添加するのは醸造アルコールに限っていると言うのが酒造者の言い分です。

日本酒の種類

日本酒には多くの種類がありますが、大きく分けると特別名称酒と普通酒に分けることができます。市中に出回っている日本酒の70%は普通酒です。

❶ 普通酒

普通酒の条件は、次の3条件のどれか一つに該当するということです。

- 精米歩合が70%以上(磨き方が足りない)
- エタノールを10%以上加えている(普通酒のエタノール含有量は15%ですから、米からきているエタノールは5％未満、要するに1／3以下ということです。）

・三等米（整粒歩合45％以上）を用いている。整粒歩合とは、形が整っている米粒の割合のことで、45％以下のコメは規格外となります。

❷特別名称酒の種類

普通酒よりいわゆる高級なお酒が特別名称酒と言うことになります。特別名称酒の種類を表に示しました。これには8種類あります。大きく分けて純米酒と本醸造酒に分けられます。違いはアルコールが加えられているかどうかです。

・純米酒

米と水だけで作られたお酒です。要するにアルコール添加されていないということです。精米歩合が50％以下の物を「純米大吟醸酒」、精米歩合が60％以下なら純米吟醸酒か「特別純米酒」と言います。両者の違いは酒造技術の違いになります。先に見たように吟醸の定義が無いのですから、当たり前に作ったら全て純米吟醸酒となり、何か特別の事をやったら特別純米酒ということになります。純米酒に精米歩合の規制はありませんから、普通酒に落っこちるヘマをしなければ全て純米酒と言うことになります。

・本醸造酒

アルコールを加えたお酒です。加えるアルコールの重量は原料米の重さの10%以下とされています。米を清酒にすると米の重さの17%のエタノールができるのです。本醸造酒ではそのうち10%、つまり半分以上は添加エタノールで済まして良い、ということです。

もし悪徳業者がいたら、「本当

●日本酒の種類

特定名称酒		使用原料	精米歩合	香味等の要件
純米酒	純米大吟醸酒	米、米麹	50%以下	吟醸造り、固有の香味、色沢が特に良好
	純米吟醸酒		60%以下	吟醸造り、固有の香味、色沢が特に良好
	特別純米酒		60%以下 又は 特別な製造方法	香味、色沢が特に良好
	純米酒		ー	香味、色沢が良好
本醸造酒	大吟醸酒	米、米麹、醸造アルコール	50%以下	吟醸造り、固有の香味、色沢が良好
	吟醸酒		60%以下	吟醸造り、固有の香味、色沢が良好
	特別本醸造酒		60%以下 又は 特別な製造方法	香味、色沢が特に良好
	本醸造酒		70%以下	香味、色沢が良好

のお酒1Lに水とエタノールと甘味料と香料を加えて2Lに水増し」してもわからないということになるのではないでしょうか？　このように考えると、大吟醸酒、吟醸酒、特別本醸造酒、本醸造酒などと仰々しい名前が並ぶのが空虚に思えてしまいます。

そのほかの種類

日本酒には、ここまでに見た普通酒1種と特別名称酒8種、合わせて9種の他にも種類があります。

❶ 増醸酒

「ぞうじょうしゅ」です。「じょうぞうしゅ（醸造酒）」ではありません。第二次大戦後の食料危機の時代は日本酒にとっても危機でした。そこで多くの人に日本酒を楽しんでもらえるようにと出したのがこの増醸酒でした。

これは、通常の方法で作った醪（もろみ）に日本酒と同濃度に希釈したエタノールを加えて作ったお酒です。ただし、加えるエタノールの量は原料米の重さを越えないことをという規制はありました。この方法では、正規の方法で作るより3倍の量の日本酒を作ることができました。それでこの方法を三倍増醸と言いました。

当時は米の品質も精白度も低かったため、米だけで作ったお酒より三倍増醸で作ったお酒の方が人気があったと言います。現在ではこの方法で作ったお酒は日本酒とは認められていません。しかし、現在も認められているエタノール添加は、この方法の延長線上にあるものと言えるでしょう。

❷ 火入れの段階による区分

日本酒では酵母の働きを止めるために加熱処理(火入れ)をしますが、どの段階で火入れをするかの違いです。

・生貯蔵酒

醪を絞ったお酒に火入れをしないで貯蔵し、その後瓶詰の段階で火入れをしたお酒です。要するに、酵母が生きた状態で貯蔵したけれど、瓶に詰めた段階では酵母は死んでいると言うことです。

・生詰め酒

麹を絞った段階で火入れをしてから貯蔵しますが、瓶詰の段階では火入れをしないお酒です。多少の麹は瓶の中でも生きているというお酒です。

・生酒

一切の加熱処理をしないお酒です。いわば生きているお酒ですが、それだけに劣化も速く、蔵造元の近くでないと味わえないお酒です。

❸熟成期間の長短による区分

多少なりとも酵母が生きている状態でどれくらいの間、熟成されたかによります。瓶詰の段階で加熱処理されたお酒は長期間寝かせても劣化するだけで美味しくはならないはずです。

・新酒

火入れをしていないお酒、あるいは絞って火入れをして（製成）半年程度のお酒です。

・**古酒**

製成後1年以上たったお酒です。

・**長期貯蔵酒**

一般に3年以上熟成されたお酒を言います。熟成期間が明示されるのが一般です。

米の重さとお酒の量

日本酒は米に水を加えて蒸米にし、それに水を加えて醪にして発酵し、それを絞って製品化します。日本酒の相当の重さは水の重さです。米1kgから日本酒はどれくらいできるのでしょうか？ 調べてみると、種類、酒造業者によって大きな違いがありますが、例を次に挙げます。

1kgの玄米を60％に精米すると、600gの白米になります。清酒造りでは、一般に米の1・3倍の体積の水を使用するので、600gの白米に対して約780mlの水を使うことになり、これを仕込むと約1400mlの醪になります（米の単位がgで、水の単位が㎖と単位が異なるので、説明はおおよその目安となります）。

醪からはアルコール度数18度前後のお酒ができます。これを絞ると１２００㎖の清酒が出てくるので、これを、一般的な清酒のアルコール度数15・5度にまで割水すると、約１３８０㎖になります。よって、１㎏の玄米から精米歩合60％の純米酒は、約１・４Ｌ出来ることになります。

このようにしてできた日本酒１・４Ｌに含まれるエタノールの量は体積でその15・5％ですから２１７㎖となります。エタノールの比重は約０・８ですから、重さで１７０㎎となります。

つまり、原料の米１㎏から１７０㎎のエタノール、すなわち米の重さの17％のエタノールが採れるのです。

Section 11

ビールの種類と作り方

暑い夏の夜に飲むビールは最高です。春の花見、秋の紅葉狩り、冬の鍋、ビールはいつ飲んでもおいしいです。アルコール度数も5度程度と日本酒の1／3程度です。ということは体積で日本酒の3倍程度飲んでも酔いは同じということで、たくさん飲むことができるのも魅力の1つです。

まず、ビールの作り方を見てみましょう。ビールの原料は大麦、穀類など、いろいろですが、典型的なものは大麦を用いたものですから、その例で見て行きましょう。

ビール作りのコンセプト

麦に含まれる糖類はデンプンですから、酵母にアルコール発酵をさせるためには、デンプンを加水分解してグルコースに換えなければなりません（糖化）。この役目をするのが日本酒の場合には麹でしたが、ビールやウイスキーの場合には麦の若芽である麦芽に含まれる酵素です。酵素が作ったグルコースをアルコールに換えるのはおなじみの酵母です。

では、実際のビール作りを時間に従って見ていきましょう。

❶麦芽作り

大麦に水を含ませて発芽させたのち、熱風で乾燥します。乾燥した麦芽を砕いて細かくします。

❷糖化

砕いた麦芽と米などの副原料と温水を

●ビール作りに使用するタンク

タンクに入れます。適度な温度で、適当な時間保持すると、麦芽の酵素の働きで、デンプンは加水分解されてグルコースに変化します。

❸ ホップ添加

麦汁をろ過してホップを加え、煮沸します。ホップはビールに特有の苦味と香りをつけると同時に麦汁中のたんぱく質を凝固分離させ、液を澄ませる働きをします。

❹ 発酵

熱い麦汁を5℃程度に冷却し、これに酵母を加えて発酵タンクに入れます。7〜8日の間に酵母の働きでアルコール発酵が進行します。この段階のビールは若ビールと呼ばれ、まだビール本来の味、香りは十分ではありません。

❺ 熟成

若ビールは貯酒タンクに移され、0℃くらいの低温で数十日間貯蔵されます。この間にビールはゆっくり熟成し、調和のとれたビールの味と香りが生まれてきます。

❻濾過

熟成の終わったビールはろ過され、透きとおった琥珀色のビールができあがります。

❼出荷

2～3カ月間熟成した後、ビールは瓶・缶あるいは樽に詰められて出荷されます。瓶や缶詰めビールは生ビールが大部分ですが、一部に熱による処理(パストリゼーション)をしたビールもあります。

ビールの関連用語

ビールには特有の技術があり、それを表す言葉もあります。ビールの関連用語をいくつか見てみましょう。

❶ホップ

ビールと言えばホップです。ホップの入っていないビールもあるのですが日本人にとってホップはビールの命の様です。

ホップは麻科の多年草で、ツル性であり高さは7～12mにもなります。雌雄異株で雌花は松かさ状で、リプリンと呼ばれます。ビールに入れるのは受粉前のリプリンですが国によっては受粉した物も用います。

●ホップ

❷上面発酵

麦汁に酵母を入れて発酵するときに、常温で短い時間で発酵を行うと酵母が盛んに炭酸ガスを出すために麦汁の上面に浮かび、層を作ります。このために上面発酵と呼ばれます。上面発酵で作ったビールをエールビールと言います。

❸下面発酵

温度を5℃程度に保って発酵させると、発酵はゆっくりと進み、発酵を終えた酵母は麦汁の底に沈むので下面発酵と呼ばれます。下面発酵は低温で発酵が行われるため、雑菌が繁殖しにくく製造管理がしやすいといったメリットがあります。下面発酵で作ったビールをラガービールと言います。

❹パストリゼーション

発酵を終えたビールを瓶に詰める時に、酵母や雑菌の働きを止めるために加熱することがあります。このことをパストリゼーションと言います。パストリゼーションしないビールを生ビールといいます。

ビールの種類

ビールを注文するときによく「ナマチュー」と呼びますが、ナマは生ビール、チューは中ジョッキの意味です。ちなみに、ギネスブックで有名なギネスは黒ビールのメーカーとして有名です。

❶生ビール

パストリゼーションをせず、ビールを特殊なフィルターに通すことによって酵母を除いたものを生ビールといいます。

❷ラガービール

下面発酵で作ったビールです。日本の大手メーカーの作るビールはほとんどがラガービールです。

❸エールビール

上面発酵で作ったビールです。上面発酵で作ると複雑な味が出ると言われます。地ビールでは上面発酵で作ったものがあります。

❹自然発酵ビール

上面・下面発酵ビールはそれぞれ固有の酵母を用いて発酵させたものですが、その土地や醸造所固有の酵母を用いたビールもあり、それを自然発酵ビールと言います。

ビールの細かい分類

ビールをより細かく分類すると次のようなビールがあります。

❶ピルスナー

1842年にチェコのピルゼンで生まれたビールです。ホップの効いた爽快な香味の淡色ビールで、日本はじめ世界中に最も普及しています。アルコール分は4・0〜5・0%。ラガービール。

❷ドルトムンダー

ドイツのドルトムント地方で造られた淡色ビールです。発酵度が高く日持ちがよいため、今日の輸出ビールの先駆をなしました。

エキスポートと呼ばれるビールはこのタイプです。アルコール分は5・0〜5・5%。ラガービール。

❸ エール

イギリスで発展したビールです。味とコクによってペール、マイルド、ブラウン、ビターなどがあります。

アルコール分は2・5～5・5%。エールビール。

❹ アルト

ドイツのデュッセルドルフで発展した濃色ビールです。ホップの香味を効かせたのが特徴で、ほぼ英国産のエールに相当します。アルコール分は4・5～5・5%。エールビール。

❺ ケルシュ

ドイツのケルン特産の淡色ビールで、製法、香味ともアルトに似ていますが、淡色麦芽だけを用いるので色は薄くなっています。アルコール分は4・3～5・0%。エールビール。

❻バイツェン

ドイツのバイエルン地方で発展したビールです。小麦（バイツェン）麦芽を50％以上使用しており、炭酸ガス含量が高いです。輪切りのレモンを添えると風味が増します。アルコール分は5・0〜5・5％。エールビール。

●バイツェン

❼トラピスト

ベルギーに伝わる古いビールで、修道院でつくられていたところから、この名が付きました。イギリスのエールに近く高濃度の濃色ビールで、びん中での後発酵も行われます。アルコール分は6・0〜10・0％。エールビール。

❽ポーター

1722年にロンドンでつくられました。ポーター（荷物を運搬する人）が好んだところから、この名が付いたと言われています。濃厚でホップの苦味の強い濃色ビールです。アルコール分は５・０〜７・５％。エールビール。

❾スタウト

１８４７年イギリスで原料に砂糖の使用が許可されたことからできたビールです。アイルランド、ダブリンのギネスが代表です。アルコール分は４・０〜８・０％。エールビール。

●スタウト

❿ランビック

ブリュッセル地方でつくられる、ベルギーを代表する伝統的なビールです。特有の香りと酸味があるので、他のビールで割るか甘味料を加えて飲むのが一般的です。自然発酵ビール。

⓫グーズ

ランビックの一種で、できあがったランビック1/3と1年程度自然発酵させた若いランビック2/3を混ぜて1年間発酵後びん詰めし、びん中でさらに発酵させたものので、発泡性が強くシャンパンのような風味があります。アルコール分は通常5.0〜6.0%。自然発酵ビール。

⓬アメリカビール

アメリカで発展した軽いピルスナータイプのビールです。トウモロコシ等の副原料を多量に用い、ホップの苦味を抑え、炭酸ガス含量を高めているのが特徴です。アルコール分は約4.5%。ラガービール。

⓭ライト

1960年頃よりアメリカで発展した淡色のビールです。麦汁濃度を下げて発酵度を高め、残糖を少なくしてカロリーを下げています。アルコール分は2.8〜4.3%。ラガービール。

Section 12 その他のお酒

ワイン、日本酒、ビール以外の醸造酒を見てみましょう。

紹興酒

日本では老酒（ラオチュウ）の名前で通用し、中国のお酒の中では最も親しまれているものです。紹興酒の原料は糯米（もち米）です。これを麹で糖化し、酵母でアルコール発酵をしますが、酵母が変わっています。紹興酒の酵母（実際には日本酒の酒母に相当）は淋飯酒（リンパンシュ）と言います。これは次のようにして造ります。

❶ 酵母作り

蒸した糯米に酒薬（酵母に相当）をまぶし、大甕の内部の側壁に塗りつけます。3日ほどでデンプンが糖化し、底に甘酸っぱい液となって溜まります。ここに麦麹と水を加え、発酵させたものを淋飯酒と言います。アルコール度数は低いです。

❷ 発酵

淋飯酒に蒸した糯米と麦麹、水を加えて発酵させます。10日間の1次発酵の後、小さめの甕に分け入れて蓋をし、屋外で3カ月弱の2次発酵をします。醸造直後のアルコール度数は約16〜17度です。これを濾過して製品にします。

黄酒は、濾過した後、80〜90℃に加熱（煮酒）して殺菌し、甕に詰めます。その口を蓮の葉と油紙で覆い、素焼きの皿で蓋をし、竹皮で包み、粘土で塗り固めます。日本向けのものは、粘土の代わりに石膏を使います。粘土では、日本の植物防疫法（検疫）に触れるので、輸出できないからです。

❸ 熟成

女の子が生まれると、誕生3日目を祝って贈られた糯米で紹興酒を造り、1カ月後の満月の日に親戚を集めて祝宴をし、密封・殺菌した甕を父親が庭に埋めました。女児が成長して嫁ぐ時に、父親が掘り出して、甕に彫刻、彩色をして、「嫁酒」として娘に持たせました。このことから、熟成した紹興酒を老酒と呼ぶようになりました。

馬乳酒

ミルクから作ったお酒であり、珍しい物ですが、原理的には納得のいくものです。原料は馬のミルクですが、アルコール発酵するのは馬乳に含まれる乳糖（ラクトース）です。馬乳はラクトースの含有量が約7％と人乳に次いで多いです。

この馬乳に、酵母にあたるスターターを加えてひたすら撹拌します。2～3日間、撹拌回数数千～1万回

●馬乳酒

で馬乳酒ができると言いますから、かなり労力を要するお酒です。スターターとしては、飲み残しの馬乳酒の他、白ワイン、干しブドウ、釣り鐘草科の野草などを用います。

しかし、アルコール含有量は1～2%ですから、お酒と言うには物足りないです。酔うためにはこれを蒸留したアルヒを飲みます。アルヒのアルコール濃度は7～40度と幅があります。

Chapter. 4
蒸留酒の種類と作り方

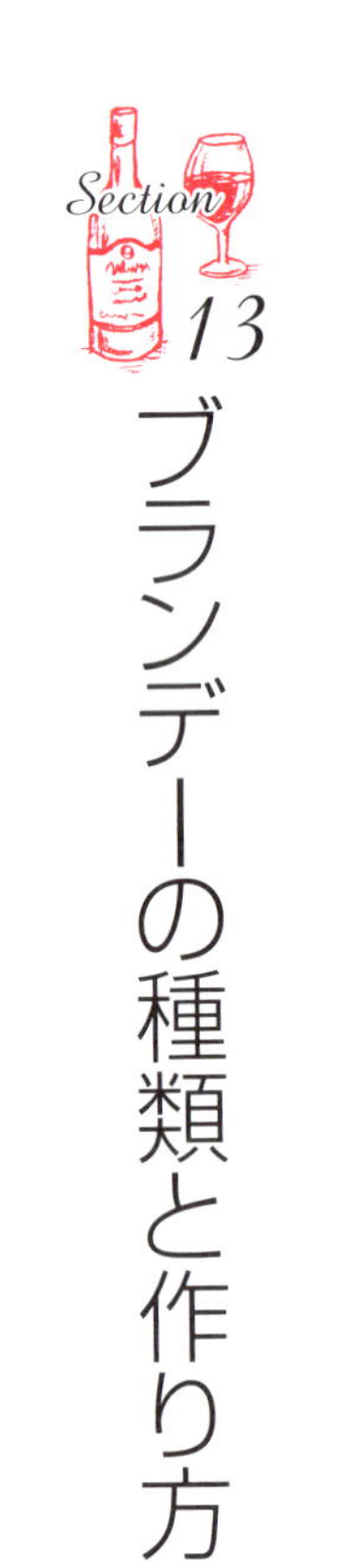

ブランデーの種類と作り方

醸造酒を蒸留してアルコール分の多い部分を集めたお酒を蒸留酒と言います。蒸留酒にはウイスキー、ブランデー、焼酎など多くの種類があります。アルコール度数も数度のものから100%に近いものまでいろいろあります。

ブランデーの作り方

一般に果実酒を蒸留したものを全てブランデーと言います。しかし、一般にブランデーと言う場合は白ブドウ酒を蒸留したものです。ワインの作り方が単純明快だったのと同じように、ブランデーの作り方も単純明快です。それだけにブランデーの製法は全ての蒸留酒の製法のお手本的なものです。

❶ 蒸留

発酵を終えたワインは風味が変化しないうちに出来るだけ早く蒸留することが大切です。蒸留方法は昔ながらの単式と近代的な連続式、その中間の半連続式の3種があります。

・単式蒸留法

フルーティな香りや力強さ、コクなどのバランスのよい原酒が得られます。

・半連続式蒸留法

男性的で力強く、クセの強い原酒が得られます。

●ブランデー

・連続式蒸留法

一定の安定した品質を得ることができ、軽やかでフルーティな香味の原酒が生まれます。

❷熟成

ブランデーでは熟成が重要になります。蒸留されたばかりの原酒は、無色透明で荒々しく刺激的な味をしています。これをオーク（樫）の樽に入れて熟成させると、美しい琥珀色になり、次第にまろやかな味わいが生まれます。樽の材料はフレンチオークが用いられます。

ブランデーには、熟成の期間によって名前が付けられています。ブランデーの産地としてはフランスのコニャック地方

●ブランデー（コニャック）の呼び方

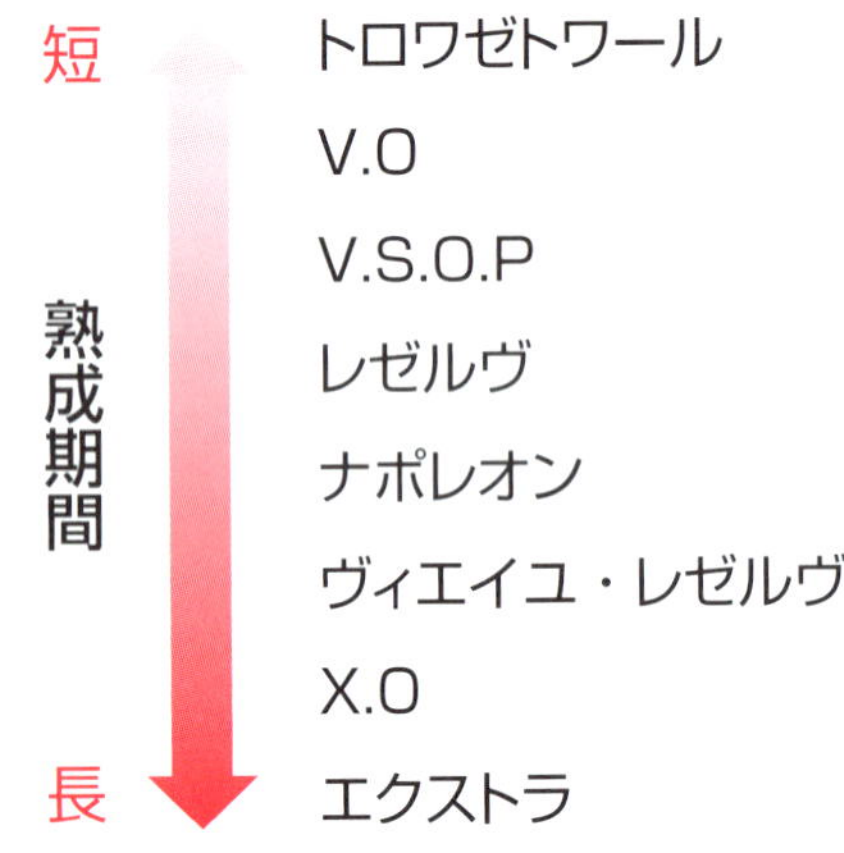

とアルマニャック地方が有名ですが、コニャックの場合、その呼び方は次のようになっています。下部の物ほど熟成期間が長くなっています。ちなみに、ナポレオンクラスでは最低でも7年以上熟成されています。

❸ブレンド

このようにして作られた各種の原酒を、単独で、あるいはブレンドすることによって様々なタイプのブランデーができます。

ブランデーの種類

●オークの樽に入れて熟成

ブランデーは、ブドウ以外で作られているものまで含めると、かなりの種類になります。

❶ブドウを原料とするもの

ブドウを原料とするものは、次のものになります。
産地や原料の程度によって異なります。

・コニャック
・アルマニャック
・ピスコ
・マール
・グラッパ
・オルーホ
・フィーヌ

●コニャック

●ブドウを原料とするブランデーの種類

コニャック	フランス・コニャック地方で作られたもの
アルマニャック	フランス・アルマニャック地方で作られたもの
ピスコ	ペルー産。熟成しないので色は無色もしくは淡い琥珀色
マール	フランス産。ワイン用ブドウの搾りかすが原料
グラッパ	イタリア産。原料、製法は上に同じ
オルーホ	スペイン産。樽熟をするものがある
フィーヌ	質の悪いワインを蒸留したもの

❷ブドウ以外を主原料とするもの

ブドウ以外を主原料とするものは、次のものになります。

- カルヴァドス
- キルシュヴァッサー
- スリヴォヴィッツ
- フランボワーズ
- オープストラー

●スリヴォヴィッツ

●ブドウ以外を原料とするブランデーの種類

カルヴァドス	リンゴが原料
キルシュヴァッサー	サクランボが原料。製菓の風味付けにも使われる
スリヴォヴィッツ	プラムが原料
フランボワーズ	木イチゴが原料
オープストラー	リンゴと西洋ナシが原料

ウイスキーの種類と作り方

イギリスの生んだウイスキーは、フランスの生んだブランデーと並んで蒸留酒の両雄と言われます。ブランデーがワインを蒸留したものであるのと同じようにいえば、ウイスキーはビールを蒸留したものと言えるかもしれません。

ウイスキーの作り方

しかし、ウイスキーをビールを蒸留したものと言うには、大きな障害が2つあります。それは、次のとおりです。

- ウイスキーの素となる醸造酒（ビール）にはホップが入っていない
- ウイスキーの素となる醸造酒の原料は燻製されている

❶モルト作り

ビールと同じように、ウイスキーの原料は大麦です。これを発芽させて麦芽（モルト）を作ります。これを乾燥（燻製）するのにイギリス固有の低質石炭である泥炭（ピート）を使うのがウイスキーの最大の特徴です。これによって麦芽にピートの燻煙臭が付き、これがウイスキーの薫になるのです。

❷糖化

ビール作りと同じように、これを砕いて水と混ぜると麦芽中の酵素によってデンプンが加水分解されてグルコースになります。

●麦芽（モルト）

❸発酵

糖化した麦汁をろ過したものに酵素を混ぜて発酵させます。この結果、アルコール度数7度ほどの醪(もろみ)ができます。

❹蒸留

醪をろ過して得た液体を蒸留にかけます。伝統的な方法では昔ながらの単式蒸留器(ポットスチル)で蒸留し、得られたエタノール分の多い部分をさらに蒸留するというように2回蒸留します。

❺熟成

このようにして得られた原酒を樽に詰めて、一定期間熟成すればウイスキー

●ウイスキーの蒸留所

の出来上がりです。樽の材料は樫が一般的ですが、木材の香がお酒に移らないように、樽の内部を火で焦がしたり、あるいはバーボンウイスキーやシェリー酒を作った古樽を用いる場合もあります。

熟成期間は短くて3年、最も美味しいのは10〜18年と言われます。

ウイスキーの種類

ウイスキーには多くの種類があります。

❶原料による違い

- **モルトウイスキー**

大麦麦芽だけで作成。

- **グレーンウイスキー**

大麦以外の原料を使用。

❷混合の有無

・シングルモルト

単一醸造所のモルトウイスキーだけで作成。

・ブレンデッド

モルトウイスキーとグレーンウイスキーを混合。

❸産地による違い

・スコッチウイスキー

イギリス・スコットランドで作成。最も有名なウイスキー。

・アイリッシュウイスキー

●スコッチウイスキー

世界最古のウイスキーと言われる。

・**アメリカンウイスキー**

アメリカ産。ライ麦やトウモロコシ、大麦などを主原料とするウイスキー。中でも「バーボン」が有名。

・**カナディアンウイスキー**

カナダ産。軽くてまろやかな口当たりが特徴。

・**ジャパニーズ・ウイスキー**

日本産。スコッチタイプ。

●ジャパニーズ・ウイスキー

Section 15 焼酎の種類と作り方

焼酎は、日本を代表する蒸留酒です。ワインを蒸留したのがブランデーであるのと同じように、日本酒を蒸留したのが焼酎であると言えると簡単なのですが、実は少々複雑になっています。

焼酎の作り方

はじめに日本酒と焼酎の作り方における基本的な違いをみておきましょう。日本酒は米と麹で作った醪（もろみ）を絞れば完成です。しかし、焼酎の場合には、醪に一次醪と二次醪の2種類があります。そして、焼酎には麦焼酎、芋焼酎など原料による違いがあります。どのような焼酎でも一次醪は全て同じであり、違いは二次醪によるものです。作り方を見てみましょう。

❶ 麹作り

米あるいは麦に麹菌を生やして麹を作ります。

❷ 一次醪作り

容器に麹と水、酵母を加え(一次仕込み)、5日間ほど発酵させて醪を作ります(一次醪)。

❸ 二次醪作り

一次醪の中へ主原料と水を加え(二次仕込み)、8~10日間発酵させて二次醪を作ります。このとき投入した主原料が焼酎の冠表示になります。すなわち主原料にサツマイモを使うと「芋焼酎」となります。

❹ 蒸留

アルコールが生成された二次醪を蒸留します。

焼酎の種類

焼酎は甲類と乙類に大きく分けられます。

❶甲類

二次醪を絞って得た液体を、現代式の連続蒸留で蒸留します。理論的にアルコール濃度は95度までいきますが、それに水を加えて濃度を落とし、36度以下とします。純水アルコールの水割りですから、材料の風味はありません。梅酒などのリキュールの原料にします。

❷乙類

●焼酎

二次醪から得た液体を単式蒸留で蒸留します。蒸留の精度が悪いので、原料の風味が残ります。アルコール度数は45度以下と定められています。

原料による違い

原理的には、デンプンを含む物質なら何でも原料にすることができますが、主な物としては、米、麦(大麦)、イモ(サツマイモ、ジャガイモ)、栗、ゴマなどがあります。変わったものとして焼き芋を用いた「焼き芋焼酎」もあるようです。蔵元のアイデアと思いつきで「何でもあり」の状態と言えそうです。

私が考えただけでも、増産されて廃棄になるキャベツやブロッコリーを利用した「野菜焼酎」、海藻を利用した「海の焼酎」、球根をとるために咲いた途端に摘み取られたチューリップの花などを利用した「花の焼酎」、スギの花粉を利用した「花粉症酎」など、面白そうなものはいくらでもありそうです。「花粉症酎」は花粉症の特効薬になるかもしれません。

泡盛

泡盛は沖縄県特産の蒸留酒です。泡盛は米を主原料としたもので、基本的に乙類焼酎ですが、普通の米焼酎とは違った次のような点があります。

❶ 米はタイ米を用いる
❷ 麹は泡盛麹（黒麹の一種）を用いる
❸ 一次醪、二次醪とわけず、全ての米を麹にして、一度に酵母と混ぜて発酵させる（全段仕込み）

泡盛は貯蔵して熟成させると風味が増すといわれ、古酒（クウスウ）と言われるものは3年以上の熟成が条件ですが、長いものは100年に近い古酒もあると言います。

Section 16

茅台酒の作り方

茅台酒（マオタイチュウ）は中国の国酒とされています。中国の国家行事としての宴席で乾杯に使われるお酒です。

茅台酒の歴史

茅台酒は清朝（1644～1912）中頃から作られていたと言いますから、300年程度の歴史のあるお酒であり、日本酒と似ているかもしれません。

アルコール度数は以前は65度でしたが、近年35～47度に下げられました。無色透明で非常に香りの強いお酒です。

茅台酒の作り方

茅台酒は固体発酵という方法で作られます。日本酒やウイスキーなどは原料穀物に大量の水を加え、液体の状態で発酵させる液体発酵を行いますが、それに対して固体発酵は、蒸した原料に麹と酵母だけを加えて、いわば、ご飯の状態で発酵させるものです。

砕いた高梁（コウリャン）と粒のままの高梁を混ぜ合わせた物を生沙と言います。生沙を蒸して冷やします。ここに大麦，エンドウなどの粉を水で練り固めてつくったダイキョクと言われる麹を粉にして混ぜ、

●高梁

少量の温水を加えて甕に仕込み、穴蔵に入れて固体の状態で1カ月ほど発酵熟成させます。

1カ月後、穴蔵から取り出してせいろうに入れ、下がまから水蒸気を通して蒸留します。このようにして得たお酒を3年ほど寝かせて熟成したものを茅台酒として出荷します。

Section 17 その他の蒸留酒の作り方

世界には多くの蒸留酒があります。有名な物はすでに紹介しましたが、その他の蒸留酒をここで紹介します。

テキーラ

テキーラはメキシコのお酒です。原料は龍舌蘭（リュウゼツラン）と言うアロエの仲間の多肉植物です。これを6年から10年栽培したものを掘りあげ、葉を落として、丸いボール状の根、アガヴェを利用します。1個40kgほどの重さになります。これを窯に入れて2日間蒸し焼きにし、その後2日間かけて冷やします。この間に酵素が働いてデンプンがグルコースに分解されます。

蒸し焼きされた根を粉砕し、水を加えて絞って糖汁を作ります。ここに適当な酵母を入れて3日間ほど発酵するとアルコール度数7度ほどになります。適当な酵母というのは、家伝の酵母、パン用の酵母、あるいはヨーグルト用の酵母などいろいろあります。これを単式蒸留で2回蒸留するとアルコール度数は50度に上がります。これを適当な樽に詰めて最低2カ月、長いものは数年寝かせると完成になります。

ラム酒

ラム酒は西インド諸島が原産地のお酒です。サトウキビの廃糖蜜または絞り汁を原料として作られる蒸留酒です。サトウキビに含まれるショ糖を酵母でアルコール発酵させた後、蒸留、熟成することで作られます。ラム酒はそのまま飲まれる他、ケーキ、タルトなど焼き菓子の風味づけにも用いられます。レーズンをラムに漬け込んだラムレーズンも有名です。ラム酒には精製や熟成によって次の三種があります。

❶ホワイト・ラム(無色)

シルバー・ラムとも呼ばれます。活性炭などで濾過したものです。

❷ゴールド・ラム（薄い褐色）

アンバー・ラムとも呼ばれます。樽で熟成したものです。

❸ダーク・ラム（濃い褐色）

熟成期間の長いものです。風味や香味が強く、製菓にも使用されます。

ウォッカ

ウォッカはロシアを代表するお酒です。大麦、小麦、ライ麦、ジャガイモなど穀物を原材料として発酵させます。

作り方は単純明快です。原料を煮たのち濾過してデンプン汁を作ります。これに酵母を加えて発酵させて醪を作ります。これを蒸留してアルコール濃度を高めます。その次に行うのがウォッカ独特の工程であり、お酒を白樺の炭で濾過して不純物を除くのです。このため、ウォッカは一般に無色でエタノールの味と香りしかありません。ただし、フレーバー・ウォッカのように、後に香味が付けられているものもあります。

Chapter. 5
その他のお酒の種類と作り方

リキュールの種類と作り方

梅酒に代表されるリキュールは、果実などの味や香りをお酒で抽出したものです。市販品にもたくさんの種類がありますが、梅酒やイチゴ酒のように、一般家庭でも簡単に作ることができるので、その種類を数えあげるのは無理と言えるでしょう。

しかし、リキュールの元祖となるのは、薬草系を用いたものであり、リキュールは貴重な薬として人類の傍らにいたということは覚えておきたいものです。

リキュールの作り方

家庭で作る梅酒は瓶の中に梅と砂糖と焼酎を入れて置けばよいだけですが、プロが作る場合には、いろいろのテクニックがあります。

リキュールを作るには、梅酒作りの焼酎に相当する、ベースになるお酒が必要です。

梅などの原料の成分を抽出するためにはアルコール度数の高いお酒がよく、また原料の風味を損なわないためには、お酒自体には特有の香や味が無い方が良いです。

ということになると、エタノールと水の混合物のようなお酒がよいことになり、ウォッカとか、甲類焼酎のようなお酒が用いられることになります。しかし、あえて癖の強いお酒を用いて、原料の風味とお酒の風味のデュエットを楽しむと言う高等テクニックも良いでしょう。さらにはお酒の種類を増やしてトリオ、クヮルテットを奏でると言う選択肢もあるでしょう。要するに何でもありです。

原料の成分を抽出するには主に４種の方法があります。

❶蒸留法

ベースの蒸留酒と果実などの原料を混合し、それを蒸留釜で蒸留して香味成分だけを取り出す方法です。濁りのない澄んだリキュールを作ることができ、高級なリキュール向けの方法です。ただし、繊細な芳香を持つ原料やイチゴ類などのように加熱によって変質する原料に用いることはできません。

❷ 浸漬法

梅酒の作り方であり、最も一般的な方法です。ただし、浸漬法は、冷浸法と温浸法があります。

・冷浸法

ベースの蒸留酒に香味原料をそのまま漬け込んでしまう方法です。梅酒など、日本の家庭で一般的な方法です。

・温浸法

湯に香味原料を漬け込み、湯が冷えたらベースの蒸留酒を加えておく方法です。

❸ エッセンス法

ベースの蒸留酒に、別に抽出しておいたエッセンスオイルを加えて香りを付ける方法です。すなわち香料の添加です。合成香料が用いられることもあります。蒸留法や浸漬法など他の方式と併用される場合も多いです。

❹パーコレーション法

香味原料に、ベースの蒸留酒を循環させながら、香りや味を抽出する方法です。コーヒーのパーコレータ法と同じです。加熱によって変質する原料から抽出を行う際に便利です。

これらの方法で、出来上がった原酒をブレンドしたり、そこにさらに香味液を加えたりすることもあります。その後、任意の期間熟成してから出荷されます。

リキュールの種類

リキュールは、香草・薬草系、果実系、ナッツ・種子系、その他の4種類に分類することができます。最近は食品の加工技術、保存技術が進歩したので、これまでの枠にはまらない特殊なタイプのリキュールも現れています。

❶花系

花の香とともに色を楽しもうと言うお酒です。花を漬け込んだまま販売し、花の入った瓶ごとインテリアとして楽しもうというものもあります。

・パルフェタムール

ニオイスミレ、バラ、アーモンドなどを漬けこんだお酒です。ニオイスミレの匂いが特色です。

・ハイカ

レッドローゼルという種類のハイビスカスを漬け込んだお酒です。ルビーのように赤い色が特色です。

・フローリスト

カレンデュラ、マムの橙、黄、白の花

●リキュール

が瓶の中に入ったままになっているお酒です。見て楽しむこともできるお酒です。

❷香草・薬草系

香草・薬草・スパイスなどを主原料とするリキュールです。中世において薬としての役目を担っていた修道院系のリキュールの大部分はここに属します。原料の種類、配合はいろいろで、中には100以上の原材料を配合しているものもあります。果実や種子を主原料としたリキュールでも、多くの場合にアクセントや隠し味として少量の香草類が使われています。

・アペロール

リュバブ・キナ・ゲンチアナを用います。

・カンパリ

ビターオレンジと薬草が原料です。苦味が強く、鮮やかな赤い色が特徴です。

・アブサン

ニガヨモギを中心に複数のハーブやスパイスを主成分とした薬草系リキュールです。アルコール度数が非常に高く70%前後、低くても40%前後はあります。砂糖を加えるなど独得の飲み方があります。

●アブサン

果実系

果実の果肉・果皮・果汁を主原料とするリキュールです。製造の歴史は古くないですが、現在では種類・製造量が最も多いと言ってよいでしょう。風味が穏やかで親しみやすいものが多く、薬よりは嗜好品としての要素が強いため、カクテルやお菓子に用いられます。ストレートあるいはソーダ割りなどの手軽な方法での飲用に向きます。

・キュラソー

スピリッツやブランデーをベースにしてオレンジの果皮を原料とし、糖分を加えたリキュールがキュラソーです。コアントローやグラン・マルニエが有名です。

・クレーム・ド・カシス

原料のカシス独特の香りと強い甘みが特徴です。糖分が多いので飲みやすいです。

・ライチ・リキュール

ライチの果実を原料としたリキュールであり、有名なものにパライソやディタがあります。カクテルお菓子に用いられます。

ナッツ・種子系

果実の種子や豆類を用いたリキュールです。コーヒー豆のように焙煎された材料が使われるものもあります。重厚な風味と甘味を備えたものが多く、製菓や食後酒に向きます。

・ヘーゼルナッツ・リキュール

原料にヘーゼルナッツを使用して作られるフランスのリキュールです。マカダミアナッツを使用したカハナ・ロイヤルなどが有名です。

・コーヒーリキュール

コーヒーを使ったリキュールです。糖分を含んでおり、バニラなどの香料も使用しているケースがあります。カルーアが有名です。

・アマレット

アンズの核を使用。アーモンド風味が特徴です。ロックで飲んだりミルクと混ぜて飲むのが一般的です。ディサローノなどが有名です。

ミルク、エッグ系

技術の発達に伴い製造されるようになった、比較的新しいリキュールです。卵やクリーム、ヨーグルトといったタンパク質や脂肪分を多く含む材料を使ったものが代表的です。

・ヨーグリート

名前の通りヨーグルトフレーバーのリキュールです。アルコール度数が16度と低く甘みもあるため、女性に人気が高いです。

・ベイリーズ

クリーム系リキュールです。ストレートやロックで飲まれます。

・アドヴォカート

ブランデーをベースにして卵黄を使っています。まろやかな口当たりが特徴で、日本の卵酒に近い味です。

●アドヴォカート

カクテルの種類と作り方

ベースとなるお酒に他のお酒あるいは果汁、シロップなどを加えた飲み物をカクテルと言います。カクテルは古い時代から楽しまれてきました。

古代ローマ、古代ギリシャ時代ではワインに海水や水を割り入れ、古代エジプトではビールに蜂蜜や生姜を加えて飲んでいたと言われます。また中世ヨーロッパでは、寒い日にはワインにスパイスを加えホットワインにして飲んでいました。この理由の一つは、昔のワインやビールはストレートで飲むには不味かったため、味付け、香付けをして飲みやすくするように工夫したと言うことがあるものと思われます。

カクテルの作り方

カクテルは数種類のお酒を混ぜれば出来るのだから、技術など必要無いなどと思われると困ります。美味しいカクテルを作るにはそれなりの技術が必要となります。

❶シェイク

シェーカーに氷と材料を入れて振ることで材料を混ぜる技法です。材料を混合することと冷却することを、主な目的としています。

❷ステア

混ざりやすい幾つかの材料を、氷を入れたミキシング・グラスに注ぎ、バー・スプーンなどで手早くかき混ぜる技法です。

●カクテルを作る道具

❸ビルド

グラスに直接氷や酒類などの材料を注いで作る技法。

❹ブレンド

ブレンダー(ミキサー)を使い、材料とクラッシュド・アイスを細かく混ぜる技法。フローズン・スタイルのカクテルはこの技法で作られる。

❺フロート

比重の違う液体を混ざらないように静かに注ぎ、重ねる技法。

カクテルの種類

カクテルを分類するときには、ベースになるお酒によって分類するのが便利です。主な物とその成分を見てみましょう。

❶ジンベース

・アペタイザー

ジン 25 ml、デュボネ 20 ml、オレンジジュース 15 ml

・ギムレット

ジン 45 ml、ライム 15 ml

・ジン・トニック

ジン 45 ml、トニックウォーター 適量、ライムスライス 1枚、ウォッカ 40 ml、オレンジジュース 適量

・ソルティー・ドッグ

ウォッカ 40 ml、グレープフルーツ

●カクテル

ジュース適量、塩適量

・ブラッディー・メアリー

ウォッカ40ml、トマトジュース適量、レモンスライス1枚

❷ウイスキーベース

・ウイスキー・サワー

ウイスキー40ml、レモンジュース20ml、砂糖1tsp、スライスレモン1枚、チェリー1個

・ハイボール

ウイスキー45ml、ソーダ適量

・マンハッタン

ウイスキー40ml、スイートベルモット20ml、アロマチックビターズ1滴、チェリー

1個、レモンピール

❸ブランデーベース

・アレキサンダー

ブランデー 30㎖、クレームドカカオ 15㎖、生クリーム 15㎖

・サイドカー

ブランデー 30㎖、ホワイトキュラソー 15㎖、レモンジュース 15㎖

・ムーラン・ルージュ

ブランデー 30㎖、パイナップルジュース 80㎖、シャンパン 適量、カットパイナップル 1切、チェリー 1個

❹ワインベース

・アフロディテ(ビーナス)

ロゼワイン 30㎖、クレームドフランボワーズ 2tsp、ホワイトキュラソー

2tsp、ライムジュース 1tsp

・キール

辛口白ワイン 60ml、クレームドカシス 10ml

・セレブレーション

スパークリングワイン 30ml、クレームドフランボワーズ 20ml、コニャック 10ml、レモンジュース 2tsp

❺日本酒ベース

・サムライ

日本酒 45ml、ライムジュース 15ml、レモンジュース 1tsp、ライムとレモンで爽快感をプラス

・撫子

日本酒 45ml、卵白 1/3個分、グレナデンシロップ 2tsp、レモンジュース 3tsp、シロップ 1tsp

・春の雪

日本酒 30ml、ジン 20ml、グリーンティリキュール 10ml、レモンジュース 1tsp

❻ビールベース

・エッグ・ビール

ビール 適量、卵黄 1個

・ハーフ&ハーフ

黒ビール 1/2、淡色ビール 1/2

Section 20 薬用酒の種類と作り方

薬草や香味のすぐれたもの、そのほか医療や強精に役立ちそうな物質を漬けこんでその成分を抽出したお酒は、昔から滋養強壮に役立つもの、あるいは媚薬の効果があるものと信じられ、珍重されてきました。中には迷信のようなものもありますが、病気を治したい、いつまでも元気でいたいという人間の切ない思いのこもったお酒と見ることもできるでしょう。

植物系

花、葉、茎、実、根と言わず、効果のありそうなものなら何でも薬用酒の原料となりました。先に紹介した各種のリキュールも元を辿れば薬用酒と言うことができるでしょう。特に修道院に起源をもつリキュールはそのようなものです。主なものを見てみましょう。

❶屠蘇

屠蘇の語源は悪鬼を屠り、魂を蘇生すると言うように言われることがありますが、はっきりしません。

お屠蘇は屠蘇散という漢方薬を焼酎や味醂に漬けこんだものです。屠蘇散の処方は1600年頃に中国で書かれた『本草綱目』では赤朮・桂心・防風・抜契・大黄・烏頭・赤小豆となっていますが、現在では山椒・細辛・防風・肉桂・乾薑・白朮・桔梗を用いるのが一般的です。人により、健胃の効能があり、初期の風邪にも効くといいますが、お正月に一杯飲むだけでは気休めにもならないでしょう。

❷忍冬酒

忍冬はスイカズラの別名です。冬にも葉を落とさずに耐え忍ぶことからこの名前が付けられたと言います。蕾は、金銀花という生薬、秋から冬の間の茎葉は、忍冬という生薬で、ともに抗菌作用や解熱作用があるとされます。忍冬の葉と茎を焼酎に漬けた忍冬酒は徳川家康が愛用したことで知られています。

❸杞酒

杞（クコ）の実は干しブドウのように甘くとても栄養価に富んでいます。杞をお酒に漬けた杞酒の歴史は古く、中国最古の詩集「詩経」によると3～4000年前から利用されてきたといいます。効能としては高血圧や動脈硬化、不眠、糖尿病、強壮、美容、眼精疲労などに幅広く効果があると言われます。

❹にんにく酒

にんにくは中央アジア原産ですが、2000年ほど前に、中国経由で日本に伝え

●杞酒

られたと言われます。日本名を「忍辱」というのは、薬効のためにその強烈な匂いを耐え忍んで食べたところから付けられたと言います。

にんにくには、疲労回復、強壮作用、高血圧、動脈硬化など幅広い効用があるといわれ、それを漬けたにんにく酒はまさに元気のもとと言えるのかもしれません。また、肉、魚料理の下味、ドレッシングのかくし味などとしても使うことができます。

❺朝鮮人参酒

朝鮮人参はウコギ科の多年草であり、セリ科の植物である野菜の人参とは無関係の植物です。江戸時代には朝鮮人参は薬草の王のように扱われてきました。その価格が高いことから「朝鮮人参を飲んで首をくくる」などという言葉までできました。

効能としては血糖値降下、不整脈、慢性下痢、強壮、疲労回復、精神安定などによいとされています。朝鮮人参酒は北朝鮮の重要な外貨獲得産物として知られています。

❻霊芝酒

霊芝(れいし)はキノコの一種であり、マンネンタケ科の万年茸(マンネンタケ)をいいます。形の似たキノコにサルノコシカケがありますが、これは木の幹に直接生えるもので、地面から生える霊芝とは違います。

霊芝の効用は後漢時代にまとめられた「神農本草経」に命を養う延命の霊薬として記載が多いことから、中国ではさまざまな目的で薬用に用いられました。霊芝はさまざまな多糖類（β-グルカンなど）を含み、他のキノコのβ-グルカン同様、抗腫瘍作用の報告は多いですが、人での臨床報告は限られているようです。

動物系

動物や魚も薬用酒の原料になりますが、中には料理の一種と考えられるもの、あるいは半ば迷信的なものなどいろいろあります。

❶ ひれ酒

フグのヒレを乾燥した物を軽く炙り、熱燗の日本酒を注いだものです。香ばしい香りは美味しそうですが、滋養強壮には疑問符が付くのではないでしょうか？

❷ イワナ酒

川魚のイワナを焼き、熱燗の日本酒を注いだものです。お酒を飲み、実をほぐして食べます。料理の一環と考えた方が良いでしょう。他にアユ、アマゴなども用います。

❸ 毒蛇酒

マムシ酒、ハブ酒などという毒蛇を漬け込んだお酒です。作り方は生きたヘビを容器に入れてしばらく生かし、老廃物を全て排泄し終わった頃によく洗って、お酒を入れます。適当な期間漬けこんでから、液体部分を飲むというものです。

問題は毒蛇の毒はどうなるのだという問題です。毒蛇の毒はタンパク質からできたタンパク毒です。タンパク質は熱、酸、アルカリ、あるいはエタノールで不可逆的に変性します。ゆで卵が元に戻らないのと同じです。しかし、どれだけの期間漬ければ変性が終了するかは、製作者の感だけが頼りです。

短期間では毒が生きているかもしれません。タンパク質だから胃に入れば消化されるとも言えるでしょうが、口や消化器管に傷や潰瘍があると、そこから毒が侵入するかもしれません。

❹スッポン酒

スッポンは美味しくて栄養に富むと言うことから、一部の人に好まれる食材です。このスッポンを使ったお酒には2通りあります。

・スッポンの生き血を用いたもの

生きたスッポンの首を切り、逆さに吊るして滴り落ちる血液を集めます。これを日本酒などで割ってその場で飲むこともあります。また度の強い酒で割って、貯蔵し、熟成させたものもあります。

・スッポン全体を用いたもの

スッポン全体を蒸す、あるいは焦がさないように焼いたものを度の強い酒に漬けて熟成させます。どちらも、滋養強壮に効果があると言います。タンパク質は抽出されるでしょうが、効果の方は自己責任ということです。

❺サンショウウオ酒

サンショウウオは両生類の一種です。山椒に似た匂いがすることからこの名前が付いたと言われています。有名なオオサンショウウオは体長1mを超しますが、その他の種類は20㎝以下ばかりです。

生命力が強く、体を縦に割いても片割れが成長して元の体に戻るという言い伝えからハンザキとも言います。この言い伝えからなのでしょう、サンショウウオは滋養強壮に効果があると言われます。

サンショウウオ酒は蛇酒と同じく、生きたサンショウウオを容器に入れ、度数の強いお酒に浸して、適当な期間熟成させたものです。

同じく両生類のイモリをお酒に漬けたイモリ酒も精力増強に効果があると言わるようです。

❻ 虫酒

甲虫のハンミョウを漬けたハンミョウ酒があります。しかし、ここには誤解があります。日本では、ハンミョウは猛毒を持つとの言い伝えがあります。しかし毒を持つのはツチハンミョウ科のマメハンミョウであり、日本にはいません。日本にいるのはハンミョウ科のハンミョウで毒はありません。

しかし、昔中国の文献で、このマメハンミョウが毒を持つと書かれていたのを、普通のハンミョウも毒を持つと誤解してしまったようです。ということで、毒なら体に良いだろうというヘビ酒の類推からハンミョウ酒なるものが作られたようです。効果のほどは推して知るべしです。

昆虫ではありませんが、サソリを漬けたサソリ酒もあります。サソリの毒が強力なことから、精力増強にも強力に効くと思われたのでしょう。

❼冬虫夏草酒

冬虫夏草というのは、セミなどの幼虫にキノコが寄生し、蛹(さなぎ)からキノコが生えているという、グロテスクな生物です。早晩、昆虫の生命は終わり、キノコが生き残ります。ということで、冬の間は虫だけれど夏になると植物になると言うことで、このような物を一般に冬虫夏草と言い、これをお酒に漬けたものです。

変身願望、再生願望というか、とにかく滋養強壮に効果があるとされ、漢方薬に用いられます。最近では栽培もされているようです。

Section 21 その他のお酒

いろいろのお酒を見てきましたが、まだご紹介していないお酒があります。ここで見てみましょう。

味醂

味醂（みりん）は薄黄色の色のついた甘いお酒です。アルコール度数は15度ほどです。飲用に使われることはあまりなく、もっぱら料理に使われるようです。

味醂ができたのは室町後期から戦国時代にかけてといわれます。中国から伝わったと言う説と、日本でできたと言う説がありますがはっきりしないようです。戦国時代には飲用のお酒として上流階級で愛用されたと言います。

❶味醂の作り方

味醂は変わった作り方をします。つまり、お酒を用いて作るのです。まず精米歩合85％ほどの普通の米、うるち米を用いて米麹を作ります。作り方は先に見た日本酒の場合と同じです。次にこの麹と精米歩合85％ほどのモチ米を蒸したものとお酒を容器に入れ2カ月間ほど熟成します。

❷味醂作りの特殊性

熟成と言ったのは、この過程が発酵ではないからです。味醂作りでは酵母を用いないので発酵は起こりません。麹による糖化が起こるだけです。つまり、デンプンが分解してグルコースになり、タンパク質が分解してアミノ酸になるのです。これによってグルコースの甘味と、アミノ酸のうまみが加わるのです。

お米の精米歩合を85％に抑え、お米の外側のタンパク質の多い部分を残しているのはアミノ酸をたくさん発生させるためです。

加えるお酒は、日本酒作りで出た糟(かす)から作った糟取焼酎を使う場合と、アルコールの水溶液を用いる場合があります。

できた醪を絞れば味醂の完成です。ただし味醂の中には糖分とアミノ酸がありますので、いわゆるメイラード反応（アミノカルボニル反応）が起こってだんだん色が濃くなっていきます。これは味噌や醤油の場合と同じことです。

灰（あく）持ち酒

味醂と違って全国的に流通しているわけではありませんが、一部地域で味醂と同じように甘味、旨みが強く、料理やお菓子作りに用いられているお酒があります。灰（あく）持ち酒といいます。同じものを熊本地方では「赤酒」、薩摩地方では「地酒」、出雲地方では「地伝酒」と呼んでいます。

灰持ち酒の醪作りは日本酒と同じですが、違う点が次の3つあります。

❶ 用いる米（灰持ち酒の場合にはうるち米だけ）の精米歩合が90％とご飯に使う白米と同じ程度であること。
❷ 仕込みに使う水が日本酒の場合の半分程度と少ないこと。

❸醪の熟成期間が2カ月と日本酒の倍近くかかること。

そして、最後に醪に大量の灰を加えてから絞ります。

特徴

灰持ち酒は仕込み水が少ないことから、油のように粘稠で、味醂のように甘味、旨みの強いお酒になります。また、灰のアルカリ性によってお酒の酸性成分が中和されるため、メーラード反応が起き、色が着きやすくなります。熊本地方で「赤酒」と呼ぶのはこのせいでしょう。

灰持ち酒には灰に含まれる成分、すなわちカリウム、ナトリウム、リン酸などが溶け込んでいます。これらは魚肉の擦り身の弾力性や保水性を高める働きがあります。そのため、さつま揚げ（薩摩地方）やあご野焼き（出雲地方）などのかまぼこ類の製造に使われます。また、味醂と同じように各種料理やお菓子などにも用いられます。

Chapter. 6
酒器のいろいろ

Section 22 酒器の素材

全てのお酒は液体です。粉末のお酒という物もありますが、それはマイクロカプセルの中にお酒を閉じ込めた物であり、お酒その物は液体です。液体のお酒を飲むためには容器、酒器が必要です。

人々は人類の歴史を通じて酒器を改良し続けてきました。それは機能を追求するためだけではありません。美意識、自意識、遊び心を駆使した人類の壮大な知の営みと言えるでしょう。それだけに、酒器の素材も人類の知るあらゆる素材が駆使されています。

金属

人類が愛用した古い金属と言えば銅CuとスズSnの合金である青銅でしょう。もちろんレプリカですが秦の始皇帝時代に使われたと言う酒器、爵(しゃく)が市販されています。

しかし現在、青銅製の酒器を一般的に使うことは無いようです。現在の酒器に用いられる金属は主に金Au、銀Ag、スズSnです。

❶金

美しい色と輝きをもち、しかも展性・延性に富んで細工しやすく、かつ錆びることの無い金は昔から酒器の材料として最高の素材でした。ギリシア文明の母にあたるミケネ文明の遺跡からは黄金製の酒器が出土しています。

純金は軟らかくて直ぐに擦り傷などが付くので、多くの金製品は他の金属を混ぜて合金としています。その場合の金の純度はカラット（K）であらわされます。純金を24Kとし、14Kならば、14/24＝58％純度ということになります。顕彰として贈られる酒器の最高の物は多くの場合、金製です。しかし、価格の問題から、残念ながら多くの場合は銅と亜鉛の合金である真鍮（黄銅）に金メッキしたものとなっているようです。

❷銀

銀は金属の中で最も白くて美しい金属です。そのため、食器や酒器として利用されましたが、特にルネッサンス期になって盛んになりました。

その理由の一つが命を守るためと言いますから穏やかではありません。銀は硫黄Sと反応すると黒い硫化銀AgSとなります。このため、銀は毒物を教えてくれると言う迷信に近い説が生まれました。日本でもキノコに銀のかんざしを挿して黒くならなければ毒キノコではないなどという迷信があるようです。

ルネッサンス期のヨーロッパでは王侯貴族だけでなく、聖職者の間でも暗殺が横行しました。そこで使われる毒は専らヒ素Asでした。当時の人々は、銀はヒ素を教えてくれると信じたのです。そのために銀食器を愛用したのだと言います。

残念ながら、銀はヒ素と反応しても黒くはなりません。しかし、ルネッサンス期のヒ素は精製が悪く、硫黄を含んでいたと言います。もしかしたら銀がその硫黄と反応して黒くなることはあったのかもしれませんが、多分、銀が黒くなったころには被害者はすでに手遅れだったでしょう。しかし、銀には強い殺菌作用があります。したがって、不衛生な水を殺菌するくらいの効果はあったのかもしれません。

純銀と言われるのは普通92・5%の銀に銅などの他の金属を混ぜたもので、スターリングシルバーと言われます。現在の顕彰用に使われる銀杯の多くは銅とニッケルNi

の合金である白銅(洋銀)に銀をメッキし、その上に更にロジウムRhをメッキしているので、硫黄にあっても黒くなることはありません。

❸スズ

スズは灰色の金属で金属そのものが取り立てて美しいわけではありませんが、錆びにくく、熱伝導性が高く、さらに細かい細工の鋳物ができると言う特徴があります。特に7％のアンチモンSbを混ぜた物はピューター(日本名：しろめ)と言われ、酒器や食器に多用されます。フィギュアスケートの全米大会では金銀銅に次いで4位の選手にはピューターのメダルが贈られると言います。

熱伝導性が高いと言うことは、温まりやすく冷えやすいということです。日本酒をお燗するときには陶磁器の容器より便利です。また、ビール用に冷やすときも速く冷えます(もちろん、直ぐに冷め、直ぐに温かくなりますが)。そのようなことで、日本では焼酎を囲炉裏で温める片口などに愛用されたようです。

昔のピューターはアンチモンでなく鉛を入れたので、鉛の毒性が問題になりましたが、現在ではその心配はありません。

ガラス

ガラスは透明で輝きがあって美しい事からローマ時代から愛用されたようです。正倉院にもペルシャ渡りと言われる色つきのガラス容器が収まっています。

❶クリスタルガラス

普通のガラスはソーダガラスと言われ、ナトリウムNaや鉄Feなどが不純物として混じって、青緑色が付き、透明度も低いです。しかし、純度を高めたガラスに酸化鉛PbO_2を混ぜた(レッド)クリスタルガラスは透明度も輝きも素晴らしく、その重さと相まって使う人を虜にします。多い物では全重量の30%ほどの酸化鉛が入っています。

しかし、お酒を長い間入れっ放しにしておくと有害な鉛が溶け出すのではと心配する向きもあります。そのため、最近では他の金属を入れたクリスタルガラスも開発されています。また、カリウムKを入れたカリクリスタルは昔からボヘミア地方で造られて有名になっています。

❷ カットグラス

ガラスの表面を削って模様を付けた物をカットグラスと言います。ボヘミア、中国、日本などで発達しました。ヨーロッパのカットグラスの多くはレッドクリスタルをカットしたものです。その理由はガラスが美しいことと、レッドクリスタルが柔らかく、削りやすいことがあげられます。花や人物、景色など、面を削った物が多いです。

日本や中国では透明ガラスの上に着色ガラスを着せ、着色ガラスの層を削る物で、中国では乾隆ガラス、日本では切子と呼ばれます。乾隆ガラスは清朝乾隆帝（1735～1796）の時代に発達したもので、面を削る物です。それに対して切子は線で削ります。そのため、模様は幾何的な直線の組み合わせが多くなります。切子には江戸切子と薩摩切子がありますが、それぞれ固有の雰囲気を持っています。

●カットグラス

陶磁器

陶磁器と言えば東洋です。ヨーロッパでも日本の有田、伊万里をお手本にドイツのマイセンなどで素晴らしい陶磁器が発達しましたが、酒器として発展したのは主に日本のようです。

日本の陶磁器には膨大な種類があり、それをご紹介するのは本書の範疇を越えてしまいますので、非常に有名で一般的な種類をいくつかあげておきましょう。

❶有田焼

佐賀県。伊万里港から輸出されたので伊万里とも言います。白磁に多彩な色で花鳥風月人物、あらゆるものを描いています。コバルト釉による染付も盛んです。

❷薩摩焼

鹿児島県。軟らかい肌色の地に細かい陥入(ひび)が入り、そこに金彩を用いた細密画が一面に施されます。

❸清水焼

京都。有田焼風な物、薩摩焼風な物、九谷焼風な物など何でもあります。その意味で個性が無いとも言えるかもしれません。楽焼は有名ですが、お茶碗が主です。

❹九谷焼

極彩色のガラス釉で花鳥風月、唐子などが描かれます。

❺美濃焼

岐阜県。古窯の宝庫で多くの種類があります。有名なものに緑釉でひしゃげた形の織部、厚手の白い釉薬を着た志野などがあります。

❻瀬戸焼

愛知県。美濃焼と重なります。有名なものに鉄釉薬を黄色く発色させた黄瀬戸、黒く発色させた瀬戸黒があります。

木製

ろくろで削ったもの、桶、枡などがあります。枡を除けば、表面を漆で塗った物が大部分です。漆を塗る理由は吸水性を補う、強度を補う、美観を高めるためです。特に漆を用いた絵画は日本のお家芸であり、欧米では陶器をチャイナというのと同じように漆芸作品をジャパンといいます。

❶蒔絵

漆を塗った上に漆で絵を描き、それが乾かないうちに金粉を撒いて固めたもの。

❷青貝塗り

夜光貝の破片を散らし、その上から漆を塗り、最後に炭などで研ぎだして夜光貝を露出させたもの。

その他

趣味的な酒器になると素材に制限はありません。石製にはメノウを削った物が一般的ですが、その他に、大理石、水晶、翡翠（ひすい）などいろいろです。角も用いられ、水牛の角が一般的です。またサイの角は精力剤の意味もあって用いられたようです。

海岸地方のお土産にイカドックリがありますが、これはイカの胴体をそのまま乾燥してスルメ状態にしたものです。お酒を入れるとフヤケてお酒にイカの味が移ります。飲み終えたら炙って食べるのも良いでしょう。

悪趣味なものとしては織田信長が作ったと言われる人間の頭蓋骨の杯があげられるでしょう。信長を裏切ったと言うことで打ち破られた浅井長政の頭蓋骨の頭頂部を切り取り、漆を塗って杯にしたと言います。

酒杯のいろいろ

酒杯はお酒を入れて口に運ぶ器です。手に触れ、口に触れ、同時に目に触れます。持ち心地、唇への当たり心地、目で見た美しさ、全てが鑑賞の対象になります。

洋酒用

日本で洋酒を飲む場合には一般にグラスを用います。グラスという言葉は、元々はガラスを指すのですが、日本でグラスと言う場合は洋酒を飲む容器一般を言うようです。したがって素材もガラスに限定されず、金属製、陶磁器製などもありますが、主体はやはりガラス製です。

❶ワイン用

グラスの基本は、ワインを飲むワイングラスです。チューリップ形でステム（軸）の長い形です。ラージ、ミディアム、スモールなどと大小あり、形もカットグラスのものまで含めていろいろあります。ステムが長いのは、グラスを持った手の温度がワインに伝わらないようにという配慮です。したがって、持つときにはステムの下方を持つのが良いでしょう。

シャンパングラスは、シャンパン専用のグラスであり、ワイングラスより細身、小容量に作ってあります。

ブランデーグラスは、ワイングラスより口が窄まり、ステムも短くなっています。これはワインの場合と反対に、手の温

●ワイン用のグラス

度がお酒に伝わり、その結果、立ち上る香りが逃げないようにとの配慮からです。品格には欠けますが、グラス本体を掌で温めるのも許されるでしょう。

❷ビール用

ビールと言えば生ビール用のジョッキです。日本ではガラス製が主ですが、ドイツでは陶器製もたくさんあり、ピューターの蓋が着いている種類もあります。蓋は飲むときに開け、それ以外は閉じておくのがマナーです。

ビール用のグラスもありますが、クリスタルグラス、カットグラス、あるいは陶磁器、スズなどの金属製といろいろあります。備前焼のグラスは肌がざらざらしているので細かい泡が立つと言われます。ステンレス製で中空の二重造りで、魔法瓶の原理でビールが冷めにくいなどというのもあります。

❸ウイスキー用

ウイスキー用のグラスには、ウイスキーをストレートで飲むためのショットグラス、オンザロック用のオールドファッション、ハイボール用のハイボールグラスなどがあります。

ショットグラスは小型のコップ形ですが、オールドファッションは背が低く、口が広くなっています。ハイボールグラスは家庭用のコップと同じ形です。

日本酒用

日本酒を飲む器には桝、杯、ぐい飲みなどがあります。

❶ 桝

言うまでも無く木製の四角な器です。塗っていない白木もあれば赤などに塗ってある物もあります。容量はほぼ1合

●日本酒を飲む器

（180㎖）です。コップ酒の受け器としても利用されます。

❷杯

江戸以前の日本の酒器は、カワラケと言われる素焼きの陶器製でした。形は円形の浅いお皿のような物の底に高台（こうだい）を付けた物でした。

杯はそれが発展した物です。形は、ほぼ江戸以前の物と同じですが、変わったのは小型で装飾的になったことです。小型になったのは、酒造技術が発展してアルコール度数が高まったことと関係しているでしょう。装飾的になったのは陶磁器製造の技術が高まったことと、特に江戸時代、社会が安定して、特に商人階級に贅沢をする余裕ができたことに原因があるでしょう。

有田、薩摩、織部、志野など、あらゆる陶磁器の杯が出揃いました。また、木製、金属製、石製など、趣味性満載の杯もあります。

❸ぐい飲み

小型の湯飲み茶わんのような酒器をぐい飲みと言います。冠婚葬祭などの公式行事で用いる物ではなく、個人的にお酒を飲む場合にのみ用いる物なので、必然的に趣味性が高くなります。

素材は陶磁器が主ですが、中でも陶器製が多いでしょう。種類は数えきれないほど多く、気に入った物を探す旅も、お酒を探す旅より楽しいと言う、奥深い世界に潜む酒器です。

❹お猪口(おちょこ)

お猪口はお酒を飲む容器のことを言いますが、定義はハッキリしません。お猪口の元々の意味は「小さい容器」を指します。現在の意味は、杯とぐい飲みの中間の大きさと言うところでしょう。

❺馬上杯

古代中国で、馬で辺境に去りゆく友と別れを惜しんでお酒を交わしたと言う杯です。こぼれにくいように口は細く、本体は長く、そこに短い軸が着いています。素材は陶磁器です。1個は置いておきたい酒器です。

その他

古代文明を彩ったのは中国文明とギリシアのミュケーネ文明です。両者には素晴らしい酒器が残っています。

中国文明では先に見た尊が良く知られていますが、ミュケーネ文明ではワインを飲むためのキュリックス、カンタロスなどが発掘されています。土器に黒い釉薬を塗り、それを掻き落とすことで模様を表す黒絵様式ですが、現代絵画を彷彿させる素晴らしい造形です。このような文明を祖先に持つことを誇りに思わなくてはならなくなります。

注酒器のいろいろ

適当な名前が無いので私が勝手につけました。要するに、日本酒で言えばお酒を盃に注ぐトックリです。

洋酒用

洋酒の場合、ワインにしろ、ブランデーにしろ、ほとんどの場合、瓶から直接グラスに注ぎます。しかし、その前にデキャンターやジョッキを用いることもあります。

❶デキャンター

ワインをグラスに注ぐ前に、ワインをボトルから移しかえ、食卓に出すのに用いるガラス製の瓶をデキャンターと言います。デキャンターを用いる理由は、ボトルの底に沈殿している澱(おり)を除き、ワインを空気に触れさせることで酸化を促し、ワインの味わいや香りを引き出すためといいます。食卓の演出としての効果もあります。

❷ピッチャー

一般に取っ手の付いた容器をピッチャーと言いますが、樽あるいは大容量の瓶に入ったビールを食卓に出す際の容量1L程度の取っ手の付いたガラス容器をもピッチャーと言います。

日本酒用

日本酒は食卓でのこだわりが多く、お酒を注ぐ容器も各種揃っています。

❶徳利(とっくり)

お酒を入れて杯やぐい飲みに注ぐ容器を言います。容量は1合(180ml)が基本ですが、二合徳利、四合徳利などもあります、1合徳利とは言っても、料亭で出すものは

8勺(0・8合)と言うのが暗黙の了解と言います。

形は、首の細い長形の瓶で、素材は陶磁器がほとんどですが、最近はガラス製、金属製も出ています。陶磁器の種類はあげたらきりがないほどたくさんあります。

❷片口(かたくち)

鉢の一カ所をひねって、そこからお酒を注ぎやすいようにした器です。陶磁器製がほとんどです。華やかな絵の描いてある物は徳利とは一味違った雅な雰囲気があります。スズなどで作った、コップのように深いものはお燗を着けるようつ

●片口

くられたもので、機能的な雰囲気があります。

❸千代香（ちょか）

焼酎用の酒器です。薩摩焼の一種である黒薩摩で作った物が一般的ですが、スズで作った物もよく使われます。持ちやすいようツルが付き、藤などで巻いてあります。

●千代香（ちょか）

貯蔵容器のいろいろ

洋酒の多くは熟成用の樽から瓶に移し、その瓶から直接グラスに注ぎます。したがって瓶は貯蔵用と注酒器を兼ねることになります。しかし日本では、瓶の他に贈答用の樽がありました。

洋酒用

洋酒の入れ物は特別に趣味性の高い物を除けば多くは瓶です。

ブランデーやウイスキーの瓶はメーカーが勝手に作るので統一性や規格はありません。しかしワインの瓶には規格があり、瓶の形を見ればおよその産地がわかる物があります。

❶ワイン瓶

主なワイン瓶の形と、その伝統的な産地を見てみましょう。

・ボルドー型

肩が張っています。これはフランスのボルドー地方で伝統的に使用される形ですが、現在では世界中で一般的に使われています。

・ブルゴーニュ型

なで肩です。フランスのブルゴーニュ地方で伝統的に使用されている形ですが、これも世界中で一般的に使われています。

・アルザス、モーゼル、ライン型

●ワイン瓶の形①

ライン型
（ドイツ）

モーゼル型
（ドイツ）

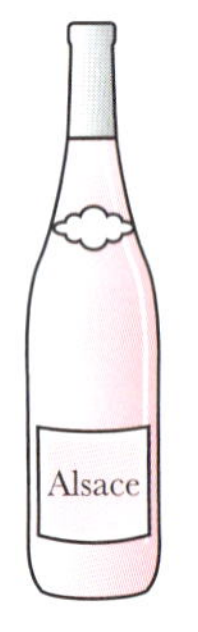

アルザス型
（フランス）

ブルゴーニュ型
（フランス）

ボルドー型
（フランス）

アルザスはフランス、モーゼルとラインはドイツの地方です。このタイプは白ワイン専用と考えて良いでしょう。

・シャンパーニュ型

シャンパンなど発泡酒専用です。ガラスが厚手でずっしりと重く、コルクが大きく頭でっかち型です。気圧がかかっていて割れやすいのとコルクが飛び出やすいのでこのような形にしてあります。

・ボックスボイテル型

甘口でフルーティーなものが多いドイツの白ワインの中で、珍しい辛口の白ワインが入っています。

●ワイン瓶の形②

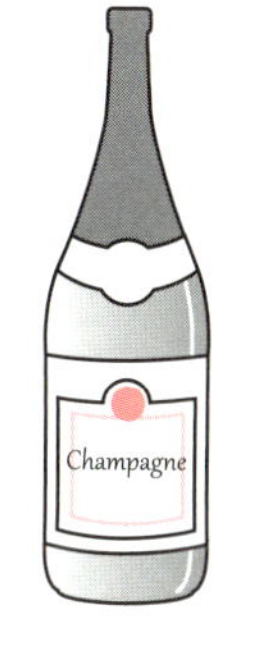

シャンパーニュ型
（フランス）

ボックスボイテル型
（ドイツ）

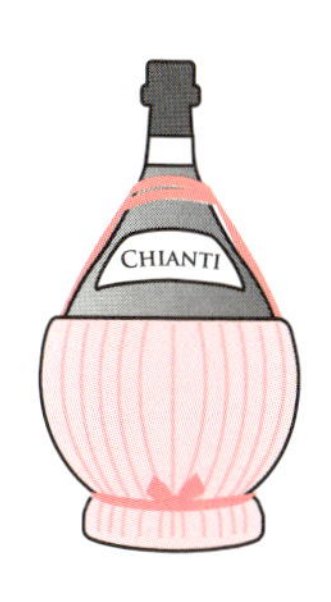

キャンティ型
（イタリア）

・キャンティ型

ボトルの下半分が藁苞で包まれています。イタリアの赤ワインで、渋みが少なく飲みやすい「キアンティ」が入っています。

❷ビール瓶

ビールは、日本も世界もアルミニウムAlで作ったアルミ缶が一般的になりました。日本のビール瓶は、内容量は780㎖で日本酒の四合瓶と同じになっています。日本のビール瓶は何処の会社の物でも全く同じに作っており、リユーズしやすくなっています。省資源の標語に「3R」があります。それは「リデゥース（倹約）」「リユーズ（再使用）」「リサイクル（循環使用）」ですが、ビール瓶はリユーズの優等生と言われています。

❸缶

ビールやカンチュウハイはアルミニウム缶に入っていますが、ジュースは頑丈なスチール缶に入っています。それは、ビールやカンチュウハイはガスのために内圧が掛かって缶がつぶれにくいからと言います。しかし、アルミニウムを作るには大量の電気を必要とすることから、アルミ缶は電気の缶詰とも言われます。

日本酒用

江戸時代の日本酒は大容量なら樽、小容量なら俗に貧乏とっくりと言われる陶器製の瓶に入っていました。現在はガラス瓶と紙パックだけのようです。

❶ビン

日本酒の瓶は趣味性の高い物を除けば、一升瓶と四合瓶に絞られるようです。一升瓶はどこの会社のものでも全く同じ形であり、ビール瓶と同じように再使用可能です。しかし、四合瓶は形もガラスの色も微妙に異なり、再使用は困難のようです。

❷樽

樽は日本酒の昔からの容器ですが、現在では儀礼用として使われる程度になっています。主なものは次の2つでしょう。

・角樽（つのだる）

ウサギの耳のような長い2本の角を持った樽です。多くの場合赤い漆塗りを施します。婚礼に用います。

・四斗樽（しとだる）

神社などに積んである、わらで覆った樽です。容量が四斗（72０L）なのでこのように呼ばれます。また、菰（こも）で包んであるので菰被りとも言います。材質は檜です。飲むときには菰の上部を開いて樽の丸い蓋を露出し、木づちで叩き割ります。この様子が昔の鏡を割る（開く）のに似ているので鏡開きと言います。昔のお酒はこの樽に入れられて、伏見、灘、知多などの醸造所から船で運ばれました。その間にお酒に檜の香が移って美味しくなったと言います。ところで、これらの産地から江戸へ行くのは、列車と同じように下り便です。そこで、下ったお酒は美味しく、下らないお酒は美味しくないということから、つま

●角樽

らない物を「クダラナイ」というようになったといいます。

・差樽（さしだる）

普通の桶は木で作った丸い形で周囲をタガと呼ばれる竹を編んだもので締めます。このような樽を一般に結樽（ゆいだる）と呼びます。それに対して、長方形の板を組み合わせて作った樽があります。このような樽は箪笥や長火鉢を作る専門の大工、指物師によって作られたので差樽と呼ばれます。昔は差樽も漆で塗り、家紋を入れて祝い事に使われました。

その他

酒器は古代文明でもそれなりに発達していました。古代文明の両雄、中国とギリシアを見てみましょう。

❶古代中国

中国では青銅器が想像以上に発達しました。中国文明が鉄器を取り入れたのは西洋文明よりも１０００年以上も遅れていると言います。それは中国の金属技術が遅れていたと言うよりは、中国の青銅文明が優れていて、鉄器の必要性を感じなかったからだと言う説があります。

❷青銅

私たちは青銅と言うと、青緑の軟らかそうな金属を思い出しますが、本来の青銅は、欧米でブロンズというように、青緑色ではありません。青銅は銅とスズの合金であり、チョコレート色の金属です。奈良の大仏が青銅の典型です。しかし、雨ざらしに置かれて錆びると銅の錆びである緑青（ろくしょう）が出て青緑色になります。屋内に置かれた奈良の大仏と、屋外に置かれた鎌倉の大仏の違いです。

　そればかりでなくブロンズは銅とスズの割合によって茶色ばかりでなく、金色、白色にもなり、硬さも鉄に匹敵するほどになると言います。このようなことで中国では青銅器製の酒器が発達したようです。

❸青銅製の貯蔵容器

お酒を一時的に保管する容器としては尊、壺、ユウなどが発掘されています。器の表面に彫られた文様は饕餮文といわれ、悪夢を食べてくれる想像上の動物と言います。古代中国皇帝というと権力を思うままに操ったと思いますが、もしかしたら夜ごと悪夢にうなされていたのかもしれません。

❹ 古代ギリシア

ギリシア文明の両親の片方は海洋文明のミュケーネ文明です。彼らもワインを好んだようですが、そのための酒器に用いたデザインは海洋民族独特ののびやかで自由な表現でした。それは先に見た酒杯と同様に貯蔵容器にも色濃く残っています。お酒や穀物などを貯蔵するためのアンフォラ、あるいは異なったお酒を混ぜるためのクラーテルなど、今すぐにでもテーブルで使いたくなる魅力的な物があります。

こういうものを見ると、何千年もの歴史を重ねても、人の裕福、幸福はそんなに変わりはしないのだなと思わされます。そのような思いに至るのもお酒の功徳と言うべきなのでしょう。

その他の酒器

次章で見る宴席は、お酒を飲むためだけでなく、パフォーマンスを演じるための席でもあります。その様な場のために用意された酒器もあります。

杯洗（はいせん）

日本の宴会では互いに相手の席に出かけてゆき、盃を渡して「まずは一杯」とか言ってお酒を注ぎます。注がれた方はそれを飲んで「ご返杯」とか言ってその盃を相手に返し、そこに新たにお酒を注ぎます。

この際、返す盃を洗うための器が杯洗です。形は高台の高いどんぶりのような物で素材はほとんどの場合、磁器です。昔は杯洗に何個かの盃を浮かべて目で楽しむこともあったと言います。

可杯（べくはい）

高知地方では何人かで焼酎を飲む場合に行う座興があります。独楽を回して、独楽が倒れた時、その軸が指した方向に居た人が焼酎を飲まなければならないのです。

その際に使う盃が可杯です。可杯の「可」は「〇〇をすべし」の「べし」です。この盃は天狗やヒョットコの形をしており高台がありません。つまり、飲み干すまで下に置けないのです。このようにして延々とコマを回し続けると言う大変な座興です。

アブサン小道具

アブサンは強い酒であり、多くの芸術家がはまってしまい、中には破滅した者もいるという大変なお酒です。それだけに飲み方にこだわる人も出てきます。

❶アブサンスプーン

アブサンの正統的な飲み方は砂糖を入れた水割りだそうです。その際、グラスにアブサンを注ぎ、アブサンスプーンをグラスに渡し掛けて、スプーンの上に角砂糖を置きます。角砂糖に水をポタポタとゆっくりと注いで溶かしてゆくと、砂糖水が滴り落ち、透明だったアブサンが白濁します。最後にアブサンスプーンで軽く混ぜて飲むと言うのです。

❷アブサンフォアンテン

角砂糖に水を注ぐときに使う道具です。中央の容器に氷水を入れ、蛇口から出る水を角砂糖に落とします。とにかく時間を掛けてアブサンを心行くまで楽しもうと言う仕掛けです。

●アブサンフォアンテン

Chapter. 7
お酒の雑学

お酒の成分

お酒の成分と言われるとアルコール、エタノールと思ってしまいます。たしかにエタノールはお酒の成分として最も重要なものです。エタノールを含まない液体にお酒と名乗る資質はありません。しかし、エタノールを含む液体が全てお酒かと言われれば、NOと言う以外ないでしょう。それは人工的に作った合成酒です。お酒はエタノールの水溶液ではないのです。それではお酒には、エタノール以外にどのようなものが含まれているのでしょうか?

お酒の酒類とその成分

お酒は醸造酒と蒸留酒に分けられます。蒸留酒は蒸留という操作によって醸造酒のうちからエタノール成分を留出したものであり、通常50%程度はエタノールです。

しかし、醸造酒は蒸留していません。麹や酵母あるいは各種酵素がそれぞれ特有の生化学反応を行って生成した成分がそのまま残っています。それが醸造酒の旨さになりと同時に、悪酔いの原因にもなったりするのです。

お酒、特に醸造酒に含まれる成分の主なものとしては、エタノール以外に、有機酸、アミノ酸があげられます。特に日本酒には多くの有機酸が含まれており、それが日本酒の旨さのハーモニーを生み出す要素となっています。

有機酸

一般に酸というのは水に溶けると水素イオンH^+を放出する物質を言います。最も簡単な酸である塩酸HClは下式のようにしてH^+を放出します。また、調味料のお酢に含まれる酢酸CH_3COOHもH^+を放出するので酸と呼ばれます。酢

●塩酸

$$HCl \longrightarrow H^+ + Cl^-$$

●酢酸

$$CH_3COOH \longrightarrow CH_3COO^- + H^+$$

酸は炭素C、水素Hを含む有機物の酸なので、特に有機酸と呼ばれることがあります。有機酸には多くの種類がありますが、日本酒に含まれ有機酸の主なものは乳酸、コハク酸、リンゴ酸です。

有機酸が多いとお酒のキレ、メリハリ、要するにお酒の輪郭がハッキリすると言われます。逆に言えば、有機酸が少ないお酒は悪く言えばボンヤリしたお酒であり、良く言えば優しいお酒と言うことになります。要は好き嫌いの話です。

お酒に含まれる有機酸の濃度を表す尺度に「酸度」があります。お酒を水酸化ナトリウムNaOエ水溶液で中和した場合に、必要とされるNaOエ水溶液の量で表した数値です。日本酒とワインに含まれる有機酸の種類と濃度を下の表に示しました。

●日本酒とワインに含まれる有機酸の種類と濃度

	酒石酸	リンゴ酸	クエン酸	乳酸	コハク酸
清酒	0	0.41	0.08	0.31	0.59
吟醸酒	0	0.5	0.06	0.5	0.40
仏・赤ワイン	2.16	0.08	0.05	1.61	0.66
独・白ワイン	2.51	3.41	0.08	0.82	0.40
ボージョレヌーボ	2.19	1.85	0.06	1.18	0.83

※1リットル中に含まれるグラム数

❶乳酸

先に見たように、アルコール発酵過程において、発酵を阻害する雑菌の働きを阻害する作用があります。

❷コハク酸

貝類に含まれていることでよく知られています。日本酒の旨みの重要成分と言われます。いわゆる辛口のお酒に多く含まれていると言われます。

❸リンゴ酸

名前の通り、リンゴなどの果実に多く含まれます。日本酒では吟醸酒と言われる低温発酵のお酒に含まれる「吟醸香」の成分と言われます。

●お酒に含まれる有機酸

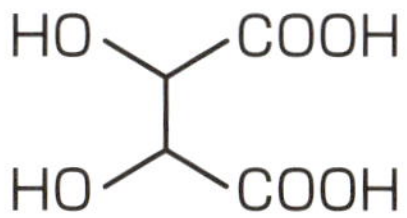

HO COOH
HO COOH
酒石酸

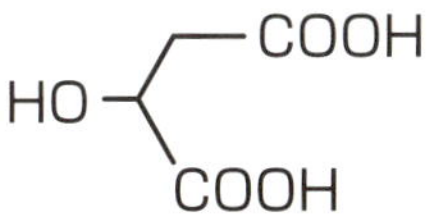

COOH
HO
COOH
リンゴ酸

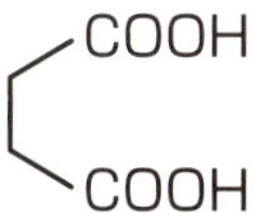

COOH
COOH
コハク酸

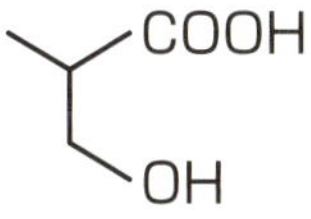

COOH
OH
乳酸

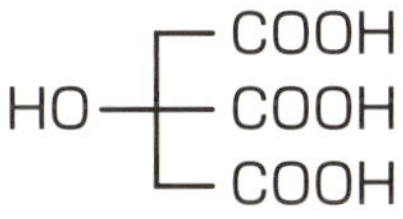

COOH
HO COOH
COOH
クエン酸

❹クエン酸

梅干しを代表として、多くの植物の酸っぱみを演出する酸です。お酒の爽快観を出すと言われます。

アミノ酸

お肉に代表されるタンパク質は多数、多種類のアミノ酸という化学物質が結合したものです。したがってホルモンを食べようと鯛を食べようとコラーゲンを食べようと、およそタンパク質と言われるものを食べれば、全て体内に入って加水分解されてアミノ酸になります。人間が利用できるアミノ酸の種類は20種類に限られています。

アミノ酸の多いお酒には、旨みとコクは感じられますが、くどい、しつこいなどの評価が付きまといます。お酒に含まれるアミノ酸の内、主なものをあげてみましょう。

❶グルタミン酸

味の素の成分として、あまりに有名です。納豆のネバネバ成分はこれが5000個ほど連結したものです。

❷アラニン

シジミやアサリなどの貝類に含まれます。脂肪の燃焼を促進し、肝臓の機能を促進すると言います。

❸アルギニン

コラーゲンの成分です。成長ホルモンの分泌を促します。

●お酒に含まれるアミノ酸

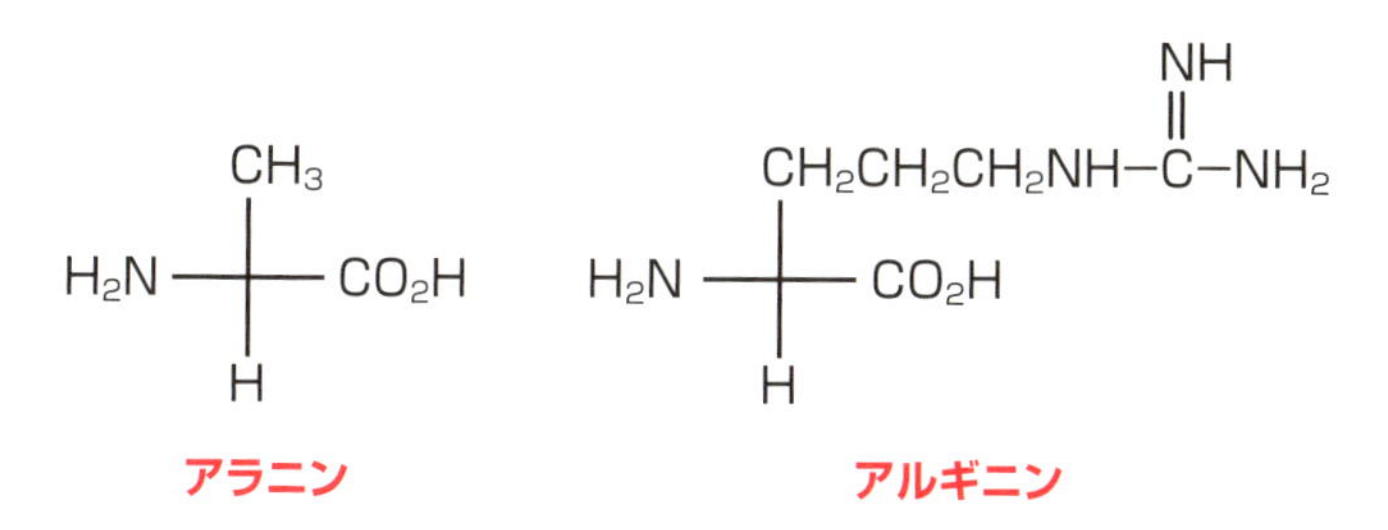

日本酒の原料

日本酒の原料は米と水と麹と酵母です。中でも米と水は大切です。どのような米や水が日本酒に適しているのでしょうか。

米

米だったら何でもお酒に原料になりますが、美味しいお酒を造ろうとしたら、それなりに米を選ぶことになります。お酒に向く米の条件として次の3つがあげられます。

❶大粒である
❷心白があること。心白というのは米粒の中心部で、デンプン質が多く、白く不透明に見える部分です。
❸タンパク質や脂肪が少ない。これらは米の表層部にあります。

大粒であれば高精白に耐えることができ、デンプン質の多い中心部を沢山残すことができます。心白は細胞組織が軟らかいので麹菌の菌糸が中に入りやすく、糖化、さらにはアルコール発酵が進みやすくなります。

この様な条件に向くように品種改良された米が酒米ですが、中でも特に良いと農林水産省の指定を受けた米が酒造好適米です。

現在、お酒に最も向く米として広く用いられているのは五百万石、山田錦、美山錦の三種です。そのほかに、山形県の亀の尾、福島県の京の舞、茨城県の渡船、香川県の大瀬戸、愛媛県の松山三井なども地酒作りに用いられています。

水

水はH_2Oであり、世界中どこでも同じだと考えると間違いです。H_2Oというのは限りなく純粋に近い水のことであり、飲料水は限りないほど多種類の不純物を含んでいます。

❶硬水・軟水

水には硬水と軟水があります。硬水はナトリウムNa、カリウムK、カルシウムCa、マグネシウムMgなどの金属イオンが多く、いわゆるミネラル分が多く含まれます。それに対して軟水にはそれらが少ないです。昔、石けんで洗濯をしていたころには、硬水で洗濯をすると石けんの分子が金属イオンと反応して、カスとして沈殿しました、そのため、硬水はよくないなどという風評も出たようですが、最近では石けんも見かけなくなりました。

❷お酒用の水

硬水・軟水の違いがあると言うと、お酒に向くのはどちらだろうと言うことになりますが、結論から言うと、どちらでも結構と言うことになりそうです。

「灘の生一本」で有名な灘のお酒は有名な「宮水」で造ります。宮水は西宮で見つかったので昔は「西宮の水」と呼ばれていたのが宮水に短縮されたと言われます。宮水は硬水であり、カリウムイオンやリン酸イオンを多く含みます。これらのイオンは酵母の餌になり、酵母が繁殖しやすくなります。

硬水で作った「灘の生一本」が「男酒」と呼ばれて美味しいお酒であることは今さら言うまでもないでしょう。それに対して京都の伏見や広島の西条の水は軟水です。ここの酒は「女酒」と呼ばれてきめの細かい優しい味を特徴としています。

❸ 杜氏(とうじ)

原料の項目に入れるのは失礼かもしれませんが、良い原料を仕込んだからと言って美味しいお酒になるとは限りません。上手に作らなかったら美味しいお酒はできません。この、美味しいお酒を造る人たちが杜氏なのです。

杜氏は、昔は農家の男性の農閑期の副業となっていました。したがって、新酒を仕込む季節になると農業地帯から酒造地帯に出張し、そこに数カ月集団で生活してお酒作りに励んだのです。杜氏は出身地によって○○杜氏と地名を付けて呼ばれました。

杜氏は集団行動をし、厳格な階級制度が敷かれていました。その主な役割を次ページの図に示しました。

●杜氏の名称と主な役割

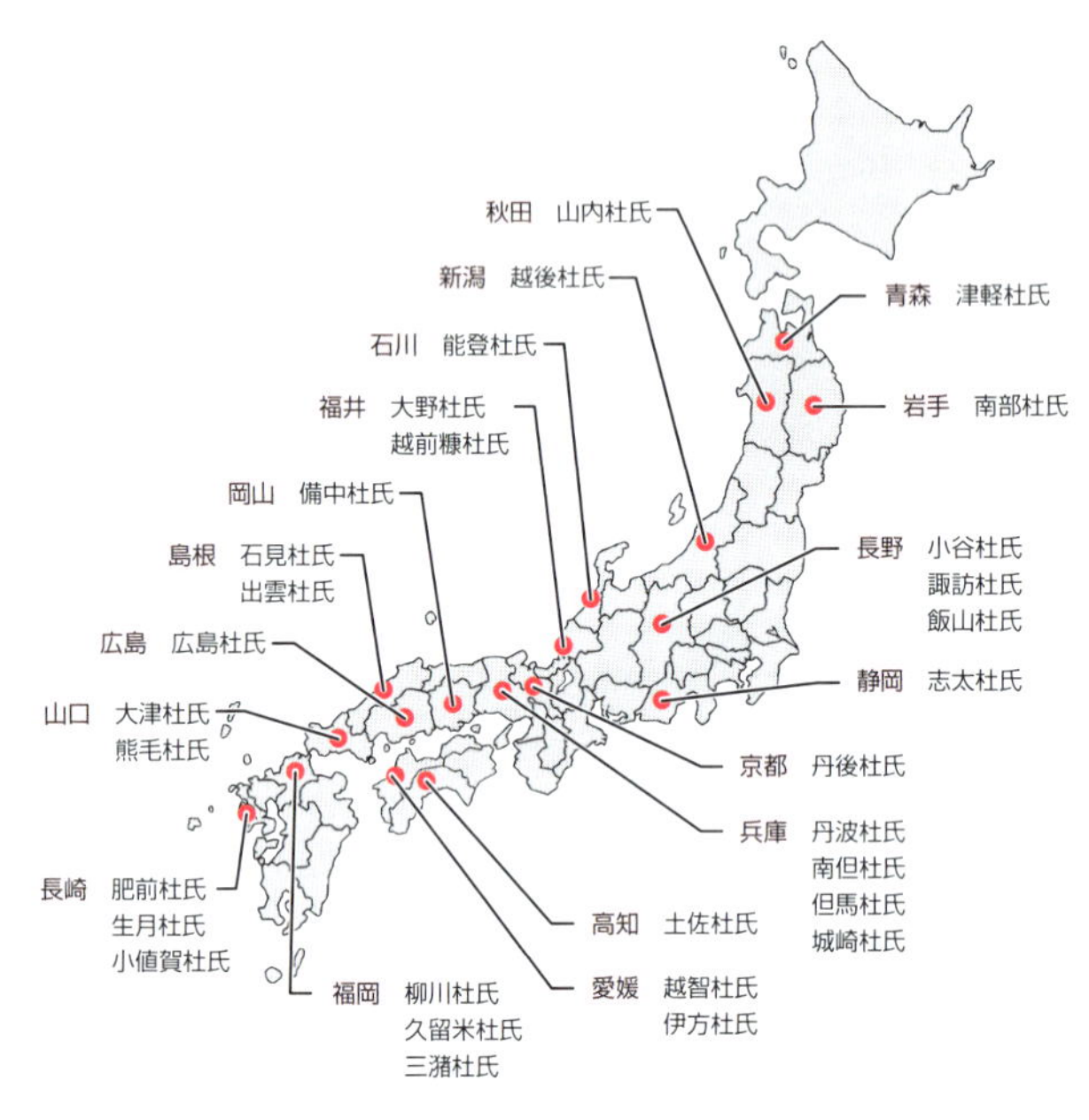

- 杜氏 ……………… 蔵人を指揮・監督する蔵の最高責任者
- 頭 ……………… 世話やき・年寄り等と呼ばれる杜氏の補佐役
- 衛門(えもん) ……… 麹屋・代師と呼ばれる製麹主任
- 酛廻り(もとまわり)… 酛屋と呼ばれる酒母製造主任
- 道具廻し………… 諸道具の洗浄・整備主任
- 釜屋 ……………… 米を蒸す甑(こしき)の責任者
- 船頭 ……………… 酒を搾る行程の主任・圧搾機が船形をしていて、「フネ」と言ったのでその名がある
- 追い廻し………… 麹づくり以外の作業の雑役
- 室の子(むろのこ) … 衛門の手伝い
- 飯炊き ………… 飯屋・お茶汲み・駆け出し・新参

この内、杜氏・頭・衛門は蔵の三役と呼ばれている。

日本酒の味

甘い、辛い、コクがある、無い、淡麗、芳醇などと、お酒の味は複雑です。お酒の味はどのような要素で決まるのでしょうか？

日本酒度・酸度・アミノ酸度

お酒の味を解析する場合の指標となるものに、日本酒度、酸度、アミノ酸度というものがあります。

❶日本酒度

お酒の比重を表したもので、甘辛を知るための目安となるものと考えられます。糖分を中心とするエキス分が多いお酒ほど重くなりマイナス(－)に、エキス分が少ないお酒ほど軽くなりプラス(+)に傾きます。

一般に日本酒度がマイナスに大きいほど濃醇で甘く、プラスに大きいほど淡麗で辛い傾向にあると言われます。

❷酸度

お酒の味に酸味や旨味をもたらす有機酸(乳酸、コハク酸、リンゴ酸など)の量を相対的にあらわす数値です。日本酒度が同じ酒で比べると、酸度が高いと甘味が打ち消されて辛くて濃く、逆に酸度が低いと甘くて淡麗に感じます。

❸アミノ酸度

お酒のコクや旨味のもとになるアミノ酸の量を相対的にあらわす数値です。

甘口と辛口

日本酒の味を言う場合に良く使われるのが「甘口、辛口」という言葉です。一般に日本酒度がマイナスに高ければ甘口、プラスに高ければ辛口の傾向になります。甘口、辛口と共に良く使われるのが「淡麗、濃厚」という言葉です。これは主に酸度によって決まり、酸度が高ければ濃厚、低ければ淡麗の傾向になります。

結局お酒の味は主に日本酒度と酸度によって決まり、その区分けは図のようになります。区分けの線分が傾いているのがミソといえばミソでしょう。

●日本酒の味の区分け

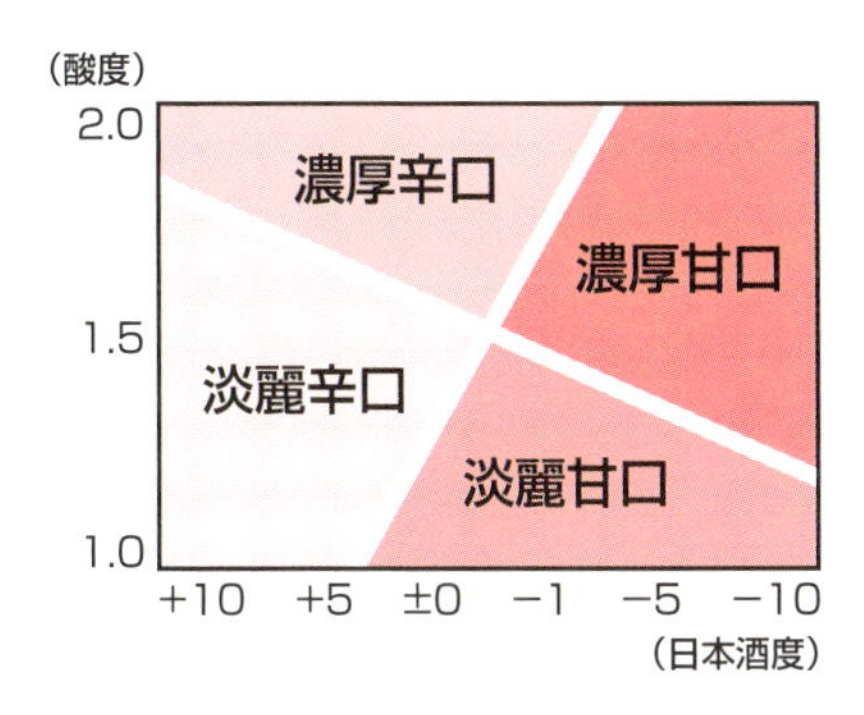

●日本酒の県別甘辛度分布図

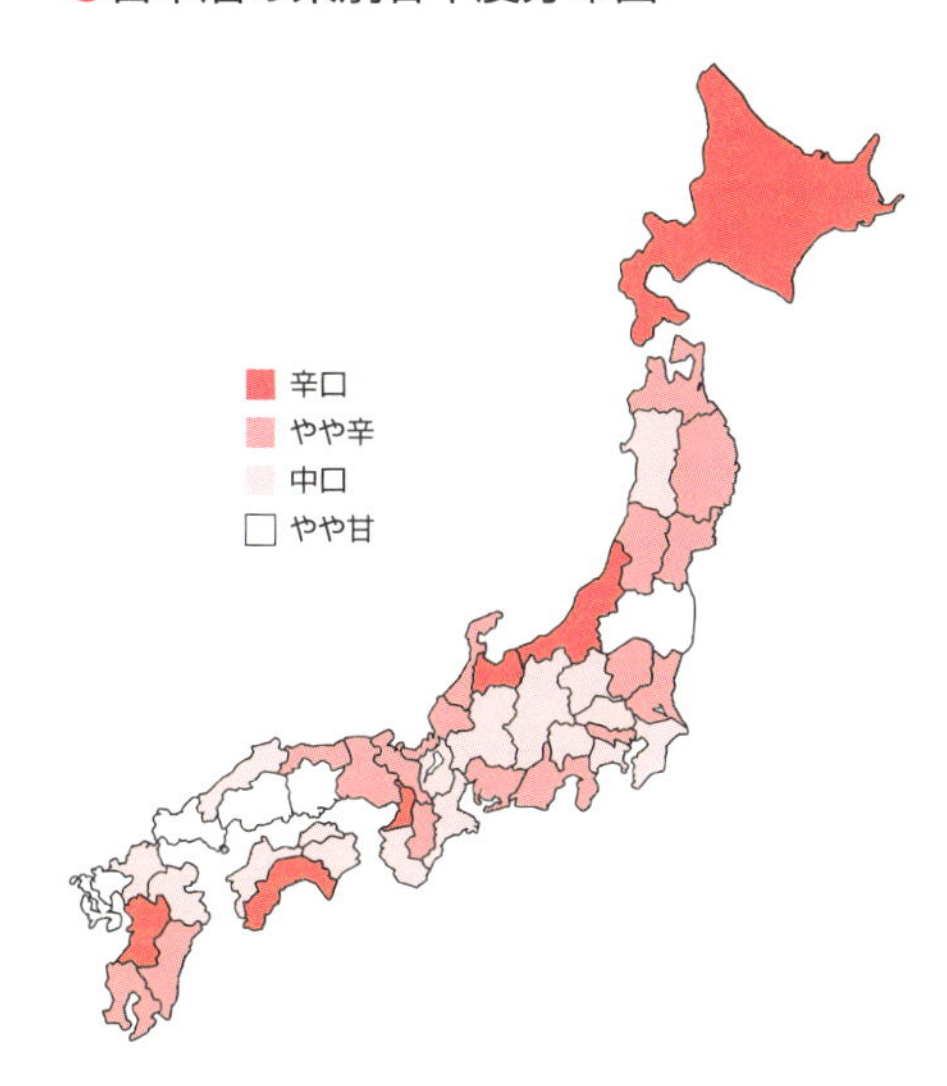

※この分布図はあくまで一つの分類目安です。

Section 30

お酒と健康

お酒は「百薬の長」と言って、全ての薬に勝る最高の薬であるとする説と、「気違い水」といって、正気も健康も失わせる液体だとする説があります。問題は飲む人と飲み方の違いでしょう。

酔いと酒量

お酒を飲めば酔います。ほろ酔い程度なら良いのですが、深酔いをすると翌日バツの悪い思いをしなければなりませんし、泥酔となると外なら事故に遭ったり、命を落とすことになりか

●お酒の量と酔いの症状

	ビール本数	アルコール量	症状
ちょい酔い	1	～20	•赤くなる •よくしゃべる •判断力が少し鈍る
ほろ酔い	1～2	21～40	•抑制力がなくなる •体温が上がる •脈が速くなる
酔った	3	41～79	•声が大きくなる •ふらついてくる
ぐでんぐでん	4～6	80～120	•千鳥足になる •吐き気が起こる
潰れる	7～	121～	•まともじゃなくなる

ねません。どの程度飲んだらどの程度酔うのでしょうか?

❶お酒の適量

お酒には強い人もいれば弱い人もいますので、一概にどれだけ飲んだらどのようになるということはできません。しかし、統計的に見ればある程度のことは言えます。

お酒のアルコール度数と、適当な単位量に含まれるアルコールの重量を次の表にまとめました。2つの表を見比べると、ビール中瓶1本がちょい酔いであり、焼酎を2合飲んだら酔った状態になり、日本酒4合飲んだらぐでんぐでんの状態であり、ウイスキーをダブルで6杯もひっかけたらまともではなくなることになります。

●お酒のアルコール度数の重量

酒類	アルコール度数	純アルコール量
ビール(中びん500ml)	5%	20g
ウイスキー(ダブル60ml)	40%	20g
ワイン(1杯120ml)	12%	12g
日本酒(1合180ml)	15%	22g
焼酎(1合180ml)	25%	36g
缶チューハイ(1缶350ml)	5%	14g

なお、何種類ものお酒を飲むチャンポンをやると、飲んだアルコールの量が見当つかなくなります。結果的に飲み過ぎに繋がります。まずはビールでというのは良いとして、その後は一種類のお酒を飲み続けるのが賢明というものでしょう。

休肝日

お酒を毎日飲むのはよくない。週に1日はお酒を飲まずに肝臓を休める休肝日を設けるべきだ。いや、二日が良いなどと、いろいろの説があり、お酒好きには耳が痛いところです。かと思うと、肝臓で酸化酵素がアルコールを代謝すると、その働きを助ける補酵素が生産されて肝臓の働きを助ける。しかし、一週間飲まないと補酵素の生産は停止する。したがって毎日飲み続けることが大事だと言う、お酒飲みの神様のような説もあります。

お酒は健康を害すると言う説があるかと思うと、適量のお酒は寿命を延ばすと言う説もあります。タバコを健康に良いと言う人はいないようですが、適量のお酒の効用を説く人は多いようです。お酒の効用を説く人の多くはお酒好きだと言うことがこの話の信憑性に影を落としますが、結論は自己責任ということでしょう。しかし、くれぐれも飲み過ぎないようにという常識的なところに落ち着くのではないでしょうか。

お酒とダイエット

世はダイエットブームです。有効な方法に糖質ダイエットがあるとかいうことで、握りずしのご飯を残してネタだけを食べる人もいるとか。だったら刺身を食べればよいのにと言いたくなります。

お酒もダイエットのターゲットになります。糖質フリーのビールなどというものも出ているようです。次ページの表はいろいろのお酒に含まれる糖質の重量とカロリーです。梅酒に使う砂糖の量は家庭によって異なりますから、梅酒の糖質は参考程度と思ってください。

一見してわかることは、蒸留酒には糖質がほとんど含まれていないということです。蒸留酒は醸造酒を蒸留して、沸点の低い部分だけを集めているのですから当然の話です。それに対してカロリーは蒸留酒の方が高くなっています。お酒のカロリーにはアルコールの燃焼によって出るカロリーが多いですから、これも当然の話です。

糖質を摂ってもカロリーを摂っても体は大きくなりますから、蒸留酒と醸造酒とで、どちらがダイエットのためになるかと言う問いに応えるのは難しくなりそうです。お酒の代わりに水かお茶を飲むと言うのが正解でしょうが、ダイエットの辛いところです。

●お酒に含まれる糖質の重量とカロリー

種類	アルコール度数(%)	糖質(g)	カロリー(kcal)
日本酒	15.4	3.6	103
ビール	4.6	3.1	40
ワイン・白	11.4	2	73
ワイン・赤	11.6	1.5	73
ワイン・ロゼ	10.7	4	77
焼酎・甲類	35	0	206
焼酎・乙類	25	0	146
ウイスキー	40	0	237
ブランデー	40	0	237
ウォッカ	40	0	240
梅酒	13	20.7	156

お酒のマナー

お酒はくつろいで楽しく飲みたいものですが、それにしてもマナーとルールはあります。

ビールのマナー

ビールを注ぐときは、ラベルが上になるように右手でビンを持って、左手を添えましょう。これはビールが口から瓶に流れてラベルを汚さにようにという配慮です。始めはゆるやかに、だんだん勢いよく、泡ができはじめたら、再びゆるやかに注ぐのがコツです。

受け手はグラスを両手で持つのがマナーです。グラスを傾ける人が多いようですが、まっすぐ持ったほうが、泡はこぼれにくいです。

日本酒のマナー

日本酒には独特のマナーがあります。

❶注ぎ方

日本酒の場合、盃をテーブルに置いたまま酒を注ぐ「置き注ぎ」はマナー違反です。必ず相手が手に持った盃に注ぐことです。徳利が盃に触れないようにして杯の八分目まで注ぎます。注がれる方は盃を右手に持つのがマナーです。

❷飲み方

一気に飲み干すのではなく、3回くらいに分けて飲むのが見た目にも良いでしょう。また、隣席の人に酒を催促しないための配慮として、盃を空にしないで少量のお酒を残しておくのもマナーです。

❸断り方

これ以上は飲めないというときは、周囲がお酌の気遣いをしなくてもすむように、意志表示をするのも大切です。それには次のような方法があります。

・お酒を注がれそうになったら盃の上に手を差し出して「もう結構です」の意志表示をする
・盃を満杯の状態にしておく
・盃を逆さにして伏せておく

ワイン・シャンパンのマナー

ワイン・シャンパンにも独特のマナーがあります。

❶注ぎ方

注ぐときにラベルが上になるようにするのはビールと同じです。ソムリエがやるように、ボトルを片手で持つ必要はありません。ビールと同じように両手で持って結構です。ただし、注ぐ量はグラスの3分の1までにします。ワインの色を判断するためにグラスを傾けたり、香りをかぐためにワインを回したりすることがあるためです。受け手は、グラスをテーブルに置いたままにしておくのがマナーです。グラスを持って注がれるのを待つのはマナー違反です。

❶グラスの持ち方

ワインは温度に敏感です。ワイングラスの脚が長いのは、手の温度をワインに伝えないためです。飲むときは、グラスの脚を持つのがマナーです。

❶テイスティング

レストランでワインを頼むと、テイスティングをやることになります。オーダーしたワインが自分の思うものだったかどうかを確認する大切なしぐさです。

・色

グラスを軽く傾け、テーブルクロスなど白いものをバックにしたり、光にかざしたりして、グラスの真ん中のワインの色を見ます。

・香り

グラスを軽く回し、ワインを外気にふれさせて香りを引き出します。そしてグラスを鼻に近づけ、香を嗅ぎます。

・味

少量を口に含んで舌全体でワインをころがすようにして味を見ます。よかったら、ソムリエに軽く会釈をすればよいでしょう。

カクテルのマナー

カクテルをお客が注ぐと言うことはありえません。バーテンダーが差し出したグラスを持って飲むことになります。

❶グラスの持ち方

脚つきのグラス（カクテルグラス、シャンパングラス）はグラスの脚を持ちます。タンブラー（ロングカクテル用のグラス）は真ん中よりやや下のほうを親指と人差し指で持ち、ほかの指はグラスの下部から底にあてると優雅に見えます。

❷デコレーションの扱い

カクテルにオリーブやチェリー等のデコレーションが飾ってあることがあります。これは、食べて結構です。飲む前でも、後でもどちらでも結構ですが、食べた後のタネや爪楊枝は灰皿へ入れましょう。カクテルピンの場合には、カウンターの上に出して置いても結構です。

グラスの縁に塩や砂糖がついている場合には、グラスをまわしながら自分の好きなだけの塩と一緒にカクテルを味わいます。ストローが2本ついてきた場合、2本とも使う必要はありません。1本だけで飲んでも、ストローを使わずにグラスに直接口をつけても、どちらでも結構です。タンブラーにマドラーが添えられていたら、グラスから引き上げてカウンターの上に置きます。

店へのマナー

店の人は客を接待してくれる人です。感謝の気持ちを持って接するのがマナーの基本です。

❶予約キャンセル

何軒もかけもちで予約したり、とりあえず押さえてという軽い気持ちで予約をするのは厳禁です。お店の人にもほかのお客さんにも迷惑です。もしやむをえない事情でキャンセルするときには、すぐにお店に連絡をすることです。無断キャンセルはいけません。キャンセル料の支払いは、お店への礼儀として当然のことです。

❷食器を壊した場合

壊したものは仕方ありません。酔っている時に自分で片付けようとして怪我でもしたら余計大変です。すぐにお店の人を呼んで片付けてもらいます。弁償を要求されることもあるかもしれませんが、潔くしましょう。

索引

あ行

か行

さ行

ま行

や行

ら行

わ行

た行

な行

は行

■著者紹介

齋藤（さいとう） 勝裕（かつひろ）

名古屋工業大学名誉教授、愛知学院大学客員教授。大学に入学以来50年、化学一筋できた超まじめ人間。専門は有機化学から物理化学にわたり、研究テーマは「有機不安定中間体」、「環状付加反応」、「有機光化学」、「有機金属化合物」、「有機電気化学」、「超分子化学」、「有機超伝導体」、「有機半導体」、「有機EL」、「有機色素増感太陽電池」と、気は多い。執筆暦はここ十数年と日は浅いが、出版点数は150冊以上と月刊誌状態である。量子化学から生命化学まで、化学の全領域にわたる。更には金属や毒物の解説、呆れることには化学物質のプロレス中継?まで行っている。あまつさえ化学推理小説にまで広がるなど、犯罪的?と言って良いほど気が多い。その上、電波メディアで化学物質の解説を行うなど頼まれると断れない性格である。著書に、「SUPERサイエンス プラスチック知られざる世界」「SUPERサイエンス 人類が手に入れた地球のエネルギー」「SUPERサイエンス 分子集合体の科学」「SUPERサイエンス 分子マシン驚異の世界」「SUPERサイエンス 火災と消防の科学」「SUPERサイエンス 戦争と平和のテクノロジー」「SUPERサイエンス 「毒」と「薬」の不思議な関係」「SUPERサイエンス 身近に潜む危ない化学反応」「SUPERサイエンス 爆発の仕組みを化学する」「SUPERサイエンス 脳を惑わす薬物とくすり」「サイエンスミステリー 亜澄錬太郎の事件簿1 創られたデータ」「サイエンスミステリー 亜澄錬太郎の事件簿2 殺意の卒業旅行」「サイエンスミステリー 亜澄錬太郎の事件簿3 忘れ得ぬ想い」（C&R研究所）がある。

編集担当：西方洋一 ／ カバーデザイン：秋田勘助（オフィス・エドモント）
写真：©boule13 - stock.foto

SUPERサイエンス
意外と知らないお酒の科学

2018年11月1日　初版発行

著　者　齋藤勝裕
発行者　池田武人
発行所　株式会社　シーアンドアール研究所
新潟県新潟市北区西名目所4083-6（〒950-3122）
電話　025-259-4293　FAX　025-258-2801
印刷所　株式会社　ルナテック

ISBN978-4-86354-266-2 C0043